知乎

有问题 就会有答案

花卉词典

Florapedia

A Brief Compendium of Floral Lore

[美] 卡萝尔·格雷西 著
[美] 埃米·琼·波特 绘
张孝铎 译
赖阳均 审校

贵州科技出版社

图书在版编目（CIP）数据

花卉词典 /（美）卡萝尔·格雷西著；（美）埃米·琼·波特绘；张孝铎译. -- 贵阳：贵州科技出版社，2023.7

（博物词典系列）

ISBN 978-7-5532-1151-0

Ⅰ. ①花… Ⅱ. ①卡… ②埃… ③张… Ⅲ. ①花卉－词典 Ⅳ. ①S68-61

中国版本图书馆CIP数据核字（2023）第020614号

花卉词典
HUAHUI　CIDIAN

出版发行　贵州科技出版社
地　　址　贵阳市观山湖区会展东路SOHO区A座（邮政编码：550081）
网　　址　https://www.gzstph.com
出 版 人　王立红
经　　销　全国各地新华书店
印　　刷　河北中科印刷科技发展有限公司
版　　次　2023年7月第1版
印　　次　2023年7月第1次印刷
字　　数　158千字
印　　张　9.25
开　　本　880mm × 1230mm　1/32
书　　号　ISBN 978-7-5532-1151-0
定　　价　69.80元

本书写于新型冠状病毒大流行期间，谨此献给在医护前线和其他关键服务领域承受着巨大风险、辛勤工作的人们，是他们保护了我们，为我们提供了生活的保障。

前 言

Preface

“花是大地的微笑。”这是拉尔夫·沃尔多·爱默生（Ralph Waldo Emerson）的诗歌《罕莫特利亚》（Hamatreya）中常被引用的一句话。人们引用它，并非是在原诗黑暗的语境（那些曾夸耀自己拥有大地的人，大地收回了他们的尸体）之下，而是意在表明，地球通过花朵热烈而奔放地向观赏者献上美丽和幸福。花卉能在大部分人的思想和心灵中引起积极的反应，这是毫无疑问的，大地花朵般的“笑”会让很多人展露笑颜。若远眺遍地野花的胜景或细瞻一朵花的动人之处时无动于衷，则着实令人遗憾。人们用花卉来象征爱、幸福和美。纵然大自然蕴含无穷魅力，没有花卉的世界也终会显得美中不足。然而，花卉绝不仅仅是赏心悦目的景物。希望本书简短

的词条可以令读者逐渐意识到，花卉还有许多方面值得我们欣赏。

花卉不仅在历史和文化习俗上占据了一席之地，在医学、营养学、香水制造甚至杀虫剂领域也发挥着作用。花卉既是某些国家、省市和县乡的标志，也和全世界的节庆紧密相关，比如圣诞节的一品红、复活节的百合、秋季节日的菊花。在婚礼和葬礼等人生重大场合，它们也扮演着举足轻重的角色。

花卉的生活是复杂的、有趣的，甚至是充满欺骗的。就大多数花卉而言，通过了解它们美丽背后的原因，它们在环境中发挥的生态作用，它们实现主要生存目的——繁殖的方法，以及它们对野生动物和人类的意义，我们可以更充分地理解它们的重要性。关于这些方面的讨论可以在后文一些花卉的词条中找到。从很多角度来说，植物的生活与动物的生活一样富有趣味和复杂性。地球上绝大多数生命的主要目标都是使自己的生命能延续下去。大多数动物可以四处寻找配偶，但大多数植物扎根在地里，必须利用更有创造性的手段才能实现繁殖。因此，书中有一些词条介绍了植物如何通过非同寻常的方式引诱传粉者，并最终产生具有活性的种子。

地球上的植物必先于动物而存在，因为植物与动物不同，植物能够通过光合作用制造出自己的“食物”——利用光能将二氧化碳和从根部吸收上来的水分转化成糖分，再将糖分作为能量来源以制造纤维素、淀粉等其他物质。因此，纵观小到水母、大到鲸等以浮游植物为食的各种海洋生物，以及陆地上以植物为食的植食动物或以植食动物为食的狼等“顶级捕食者”的生活，植物几乎构成了一切食物链的基础。但在这种以植物为基础的食物链中有一个例外，就是不久前才被发现的深海微生物。这些微生物生活在深海热液喷口附近，利用热液喷口释放的矿物质和化合物所带来的化学能量，通过一种叫作“化能合成”的过程，形成和释放新的化合物。这些化合物又为更大型的深海动物提供了食物。

所有学科都有其专业词汇，因此植物领域也有其术语。其中一些词语在其他领域可能另有含义，理解它们用于花卉时的意思有助于我们理解植物的形态和功能。因此，本书收录了一些常见术语和冷门的“内行话”。

围绕着花卉展开生活和工作的人是幸运的，这当中不仅有园丁和园艺师、花艺设计师、装饰艺术领域的创意工作者，也有植物探险家、科学插图画家、调香师，以及受到花卉启发而创作音乐、舞蹈、绘画、文学作品和其他艺术作品的人。本书也将讲述其中一些人的故事。

目　录

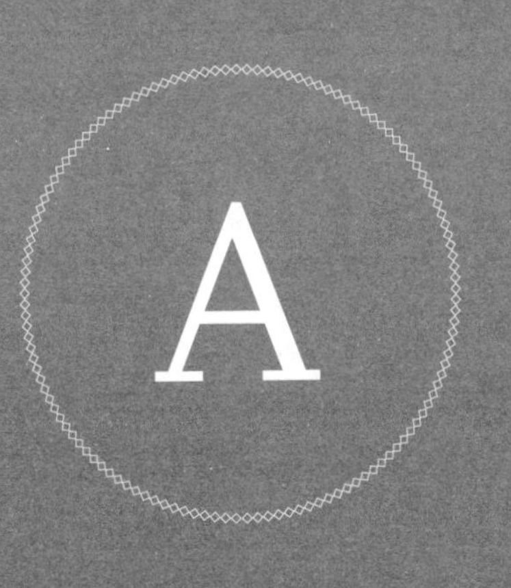
A

Achlorophyllous plants

不含叶绿素的植物

由于没有叶绿素，这类植物不是绿色的，也无法通过光合作用合成所需的养分。这类植物包括寄生植物和菌异养植物（通过与真菌协同作用获得食物的植物）。菌异养植物获得养分的原理是，真菌将其细丝状的菌丝附着在进行光合作用的寄主植物（通常是树木）细根上，从寄主植物中吸取碳水化合物，并将养分输送给它。

这类植物有美国山毛榉寄生（即青冈寄生，学名 *Epifagus virginiana*）——一种只寄生在山毛榉根部的专性寄生植物——以及菌异养植物水晶兰（学名 *Monotropa uniflora*）。

美国山毛榉寄生的幼根附着在山毛榉细小的根上，在寄主植物和寄生植物之间形成生理的桥梁（即吸器）。虽然吸器从寄主树木中吸取自身所需的全部水分和养分，但这似乎并不会对树木造成伤害。成熟的美国山毛榉寄生呈泛白的红褐色，并生长出两种类型的花朵：一种是芽状的闭锁花，始终不会开放；另一种是更大、更艳丽，并且确实会开放的开放花。大部分种子产生于闭锁花，当雨水滴落在开裂的果实上，种子便散播开来。美国山毛榉寄生黏糊糊的红褐色残枝败茎能挨过整个冬天。

水晶兰是一种泛着蜡质光泽的白色开花植物，有时被误认为是真菌。在发现植物和真菌之间的菌根共生关系之前，人们认为这种植物是从腐叶堆中吸收养分的，因此水晶兰从前被称为腐生植物。现在已经有文献表明，红菇科（Russulaceae）的某些真菌伙伴在水晶兰与邻近的树木之间充当了管道，将后者制造的养分和矿物质输送给前者。寄主树木并没有从水晶兰这里得到任何回报，因此，水晶兰与寄主树木之间是一种间接的寄生关系。同为水晶兰属的松下兰（学名 *Monotropa hypopitys*）也采取了类似的生存方式。

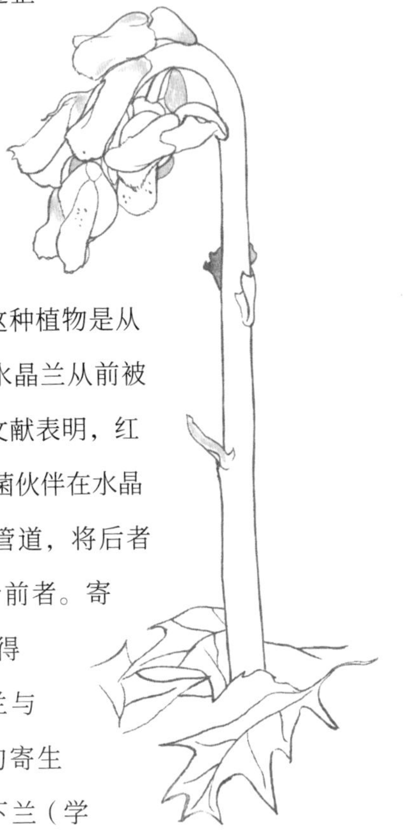

Monotropa hypopitys

Pinesap

松下兰

Angell, Bobbi (1955—)

波比·安吉尔

她是当今最多产的植物插画艺术家，继承了植物科学画的悠久传统。植物科学画即科学家为描述新发现的物种或为其他出版物撰写文章时所配的插画。大学期间，作为植物学专业的学生，波比创作植物插画的天赋在分类学课上展露无遗，这也促使课程教授鼓励她考虑将植物插画家作为职业。正是植物学知识与绘画技巧的结合成就了波比·安吉尔，使她成为当代最受欢迎的植物插画艺术家之一。

在摄影技术出现以前，为了记录考察途中采集到的各类植物等，大多数科学考察队伍里都少不了一位画家。如今，植物探索受到限制，支持此类考察的资金也极为有限，一些科学家意识到，让一名训练有素的植物画家参与实地考察并现场绘制活体植物具有重要的价值，于是他们设法为波比争取到必要的资助，邀她一同前往南美洲雨林、美国西南部沙漠、加勒比群岛和欧洲山脉考察。当波比回到家，开始为采集到的植物绘制科学插画时，她在现场所作的草图就成了极其珍贵的参考资料。在无法观察到活体植物的情况下，波比也能熟练地根据二维的植物标本、干制或浸制的花卉重建出植物的三维立体图像。借助解剖显微镜，她巨细无遗地绘制出花部、叶面、种子和其他表征细节，展现出一株植物的各个方面。现场拍摄的图片也进一步充实了这些资料。她具备敏锐的眼光和植物学专业知识，从而能够向科学家指出他们很可能忽略的隐秘细节。她使用钢笔和墨水绘成的完整图像不仅是精确的科学插画，更是极富美感的佳作。

波比与来自纽约植物园及其他知名机构的植物学家合作，已经为数千种植物绘制了图像。凭借这些作品，她获得了包括伦敦林奈学会颁发的吉尔·斯迈西斯奖（Jill Smythies Award）和美国植物艺术家协会植物艺术卓越服务奖在内的诸多奖项。

Anther dehiscence

花药开裂

花药[1]开裂是散出花粉的方式。花药是雄蕊中产生花

1 花药是花丝顶端膨大的囊状结构，通过花丝与花的其他部分相连。——译者注（若无特殊说明，本书注释皆为译者注）

A

粉的部分，通常附着在一条细瘦的花丝上。大多数花药是分成两半的，包含四个小孢子囊（花粉囊）。为了授粉，花药必须开裂散出花粉，再通过风媒传粉或动物媒传粉将花粉传播到同一朵花或其他同种植物的雌蕊柱头上。

花药开裂有几种类型，这里只讲一讲最常见的。大多数花药沿着与其长度相等的垂直裂缝纵向开裂，可能是内向纵裂或外向纵裂，也可能是侧向裂开。比如，百合花的花药就是纵向开裂的。

包括茄科和杜鹃花科在内的一些植物科中，多种植物都存在孔裂现象，它们的花药通过顶部的小孔裂开。为了使花粉散出，这些植物通常必须借助蜜蜂振动花药。熊蜂在这种传粉活动中表现得尤为高效，它们抓住花药的同时不自觉地振动飞翔肌，从而使花粉散出。

更为罕见的是瓣裂。在樟科的北美山胡椒（学名 *Lindera benzoin*）和小檗科的小檗属（*Berberis* spp.）植物中可以观察到这种花药开裂方式。这些植物的花药在侧面裂成几个可掀起的小瓣，花粉从小瓣下的小孔散出。

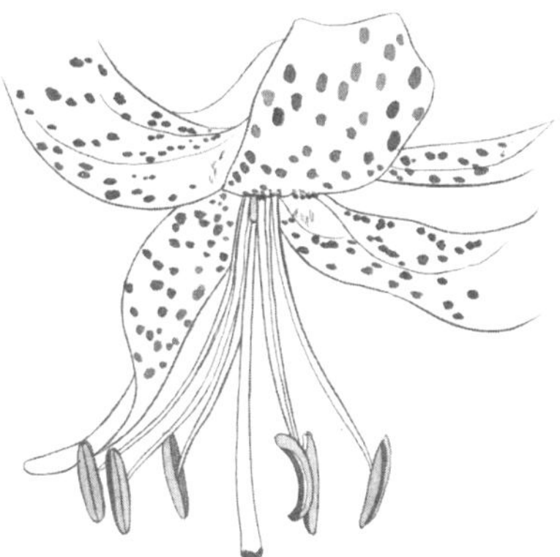

Lilium lancifolium
Tiger lily
(longitudinal dehiscence)

Chimaphila umbellata
Pipsissewa
(poricidal dehiscence)

Lindera benzoin
Spicebush
(valvular dehiscence)

虎百合（即卷丹，学名 *Lilium lancifolium*），纵裂

梅笠草（即伞形喜冬草，学名 *Chimaphila umbellata*），孔裂

山胡椒（即北美山胡椒），瓣裂

B

Bartram, John (1699—1777) and William (1739—1823)

巴特拉姆父子

他们是美国早期的植物学家，将 200 余种美洲植物引入人工种植培育。约翰·巴特拉姆是一位自学成才的植物学家，为了探寻植物，他走遍了北美东部地区。他常与乔治·华盛顿、托马斯·杰斐逊交流，与本杰明·富兰克林更有着深厚的友谊，这些美国的开国元勋和他一样对植物学有浓厚的兴趣。 通过富有的伦敦博物学家、他未来的赞助人彼得·柯林森（Peter Collinson）牵线，约翰·巴特拉姆成为英国乔治三世国王任命的国王的植物学家，活动于北美洲。

除了向柯林森和欧洲其他地方的植物学家运送种子，约翰·巴特拉姆还在他位于费城南部斯库尔基尔河畔的私人土地上种下了各类种子。约翰·巴特拉姆是最早进行开花植物杂交试验的人之一，并因此而闻名。他的花园也从最初的种植地变成了一座遍布奇花珍木的重要植物园，后来更成为来自北美洲和欧洲的植物学家们争相探访的胜地。直到 1850 年被出售之前，这座花园都掌握在巴特拉姆家的后人手中。最终，经过一场全国范围的筹款活动，费城在 1891 年接管了这座花园。现在，这里名为“巴特拉姆花园”，是美国现存最古老的植物园之一。巴特拉姆的家宅和原花园的部分区域至今仍对公众开放。

在巴特拉姆花园可供观赏的树木中，有一株富兰克林树（即洋木荷，学名 *Franklinia alatamaha*，山茶科）美得最动人心魄。1765 年，约翰·巴特拉姆在佐治亚州东南部的阿尔塔马哈河流域发现了这种小型乔木（阿尔塔马哈河的名字有“alatamaha”和“altamaha”两种写法，

富兰克林树（即洋木荷）

该树种的学名中采用了“alatamaha”)。他注意到，这种树木仅在河边几英亩[1]的区域内密集生长，在其他地方则难觅踪迹。后来，巴特拉姆的儿子威廉到南部进行为期4年的考察时，又来到这片流域并设法收集了树木种子。1777年，他一回到巴特拉姆花园就种下了其中一部分种子。遗憾的是，约翰·巴特拉姆在当年晚些时候就去世了，没能亲眼看到富兰克林树上形似山茶花的白色花朵在他的花园里绽放。

最后一次在野外观察到并记录下该物种的是英国植物学家约翰·里昂(John Lyon)，他在1803年看到了富兰克林树。在此之后，人们多次搜寻，最终都无功而返，便宣布该树种在野外灭绝(尽管有传言称，直到19世纪40年代，在最初发现地仍然能看到富兰克林树)，灭绝原因不明。威廉用父亲的密友本杰明·富兰克林来命名的这种树木，目前仅存在于人工种植环境，现存的所有富兰克林树都是威廉1777年带回的种子的直系后裔。人们已经挽救了这一物种，使它免于灭绝；或许有一天，也能在合适的野外生境中将其重新种植。虽然巴特拉姆花园现在的这株富兰克林树不是最初栽下的那一株，但这种树可以存活

1 1英亩≈4047平方米。本书为国外图书引进版，因此书中单位不做换算。

100 多年。

约翰·巴特拉姆被许多人誉为“美国植物学之父”。以他的名字命名的植物包括珠藓属（*Bartramia*）和一种唐棣（即巴特拉姆唐棣，*Amelanchier bartramiana*，蔷薇科）。

威廉继承了父亲对自然，特别是对植物学的热爱，小时候就跟着父亲在当地采集植物。威廉长到 14 岁时，绘画天赋已显露出来，于是父亲带着他前往卡兹奇山长时间考察，因为他不但可以帮忙收集植物，还能现场为它们绘图。威廉最著名的作品或许就是他讲述 4 年南方考察生活的插画书。这本书通常被称为《巴特拉姆游记》（*Bartram's Travels*），首次出版于 1791 年，当时的书名足足有 49 个单词。不久以后，他就不再外出游历，晚年都在照料花园，更有商业头脑的弟弟约翰则负责花园的管理。

Bird-of-paradise (*Strelitzia reginae*), Strelitziaceae

天堂鸟（鹤望兰），鹤望兰科

天堂鸟是原产于非洲南部的一种植物，长有大而结实

B

的花序[1]，形似鸟类的头冠。作为观赏植物，这种花形奇特的植物在全球的热带地区、气候温暖的地区和观赏温室都有种植。天堂鸟的花序由1枚绿色的总苞片（“鸟”的头和喙）托住，4~6朵花在其中依次开放，每朵花有3枚直立的萼片[2]（“鸟”的羽冠），呈明艳的橙黄色；还有1片箭头状的蓝色花瓣（实际上由2片合生[3]的花瓣组成），看

Strelitzia reginae
Bird-of-paradise

天堂鸟（即鹤望兰）

1 多数花在花轴上有规律的排列方式和开放次序，称为花序。花序的总花梗或主轴称为花序轴。

2 萼片是花的最外面一轮的叶状薄片，通常呈绿色，可以起到保护花蕾的作用。

3 合生指的是花冠的花瓣部分或全部相连合生成一体。

起来就如同羽冠上的羽毛。合生花瓣当中隐藏着一个狭长的“剑鞘”，繁殖系统就在其中；底部较小的蓝色内花瓣则覆盖着蜜腺。

天堂鸟色彩明艳、对比强烈的花序对鸟类——特别是南非织雀（学名 *Ploceus capensis*）极具吸引力。这些鸟儿停在蓝色的花瓣“着陆平台”上，用喙和舌头探取蓝色内花瓣底部的花蜜。它们吸食花蜜时，压在花上的体重会导致箭头状花瓣内的“剑鞘”分开，使花柱和覆满黏稠花粉的雄蕊暴露出来。这些花粉沾在鸟儿的双脚上，被它们带到另一株天堂鸟上，从而完成授粉。由此可见，天堂鸟为植物和动物相互依存、互利共生的协同进化提供了又一个例证。

建筑师和工程师利用全新的仿生学（研究生物材料或物质的结构或功能，从而开发出近似或模拟自然界中天然存在的结构或材料）研究了停驻在天堂鸟花序上的鸟类导致合生花瓣裂开时的力，并据此设计出一种由玻璃纤维增强塑料制成的外立面遮阳系统原型。这种专利名为“Flectofin”的系统具备极高的抗拉强度和较低的弯曲刚度，甚至可以用于具有弧度的遮阳立面。该系统无须滑动接头或铰链便可运行，减少了维修保养的麻烦。

Blackberry-lily (*Iris domestica*), Iridaceae
黑莓百合（射干），鸢尾科

因种子形似黑莓、花朵状如百合而得名“黑莓百合”的一种植物，但实际上它与这两者并无亲缘关系。

因为这种植物最近才被归入鸢尾属（这种归类并非没有争议），所以你或许听过它从前的学名 *Belamcanda chinensis*。正如它过去的学名中“chinensis”一词所示，射干原产于中国和东亚其他地区。人们在庭园里种植射干已经有相当长的时间了，它的橙红色花朵在夏末盛放，吸引蝴蝶竞相飞来。现在，射干在世界多个地区皆有种植。

在美国的射干种植史上，托马斯·杰斐逊的花园是最早栽种这种植物的园林之一。他曾记录下在蒙蒂塞洛庄园东翼椭圆形花园播种射干的过程。时至今日，这些射干的后代已经被驯化，在整个蒙蒂塞洛庄园内都有种植。

与鸢尾科的其他植物一样，射干的叶子呈嵌套式排列。它的花朵看起来不像鸢尾花，而与百合花更接近；单

黑莓百合（即射干）

朵花只开放一天，然后它们的花被[1]就紧紧地缠成一圈，最终变成黑色，附着在正在发育的果实顶端。

1　花被是花萼和花冠的统称，起到保护花蕊和吸引昆虫的作用。既有花萼又有花冠的花，称为双被花（重被花）；仅有花萼或花冠的花，称为单被花；完全不具有花被的花，称为无被花。

射干的果实为蒴果[1]，成熟后开裂，露出富有光泽的黑色种子。直到秋天，种子都一直挂在植株上。通过模仿黑莓多肉的果实，射干的种子可以吸引鸟类前来采食，从而被它们传播到远处。

Bloodroot (*Sanguinaria canadensis*), Papaveraceae

血根草，罂粟科

血根草是一种在早春开花的植物，原产于美国东部和加拿大的林地，生长范围向西延伸至南达科他州和曼尼托巴省。虽然血根草是一种早春的娇嫩植物，但它和北极花（twinflower）一样，并不是真正的早春短命植物。它的叶子会继续生长，长成大的叶片，直到夏末都保持绿色。血根草是单型种，也就是说，它是血根草属（*Sanguinaria*）内仅有的一个种。血根草的学名和俗名都表明，尽管这种植物整棵植株都含有红色汁液，但生长于地下的部分汁液

1 蒴果是一种干果，由合生心皮的复雌蕊发育而成，子房一室或多室，每室有多粒种子。

含量尤为丰富。这些部分是它的块状茎，并不是根。想要观察汁液，只需在叶子上划破一条叶脉即可。罂粟科的植物大多富含有色汁液（比如白屈菜的汁液为黄色，罂粟的汁液为白色，血根草的汁液为红色），这类汁液中通常含有具有毒性的生物碱。

在我居住的纽约州南部地区，血根草在 4 月初开花。

血根草

B

不过，只有晴朗的日子，花朵才会开放。阴雨天和夜间，为了保存花粉，花朵会闭合，待到传粉者可能飞来时再张开。虽然血根草不是短命植物，但它的花寿命短暂。授粉后不久，花瓣就凋落了——血根草已经不需要用它们来吸引昆虫了，纺锤形的果实开始发育。在整个过程中，血根草仅有的一片叶子始终包裹着娇嫩的花梗（连接花和茎的小枝），以免它受到强风吹袭或因其他机械外力而折断。当种子在蒴果内成熟时，叶片也长得更大，布满纵横交错的叶脉和不规则的裂片。夏季，巨大的叶片仿佛可爱的遮阳伞，在地面投下一片阴凉。血根草可以通过种子繁殖——蚂蚁将种子带走，吃掉种子上附着的油质体，然后将种子丢弃在蚁穴附近；也可以通过根状茎的生长和分枝实现营养繁殖。

对美洲原住民来说，血根草的红色汁液是重要的染料来源。他们会将根状茎晾干，在需要为布料染色、给制作篮子的材料上色或往身上涂抹时，再将它们泡发使用。根状茎还可以用来治疗支气管炎、哮喘、咽喉疼痛和其他疾病。然而，由于其汁液中含有生物碱，美国食品药品监督管理局（FDA）认为服用血根草是不安全的。

血根草发生基因突变，导致部分（偶见全部）雄蕊瓣化的情况并不罕见。在园艺行业，花瓣数量超过典型 8 片的花朵称为重瓣花。雄蕊全部瓣化的花朵，其花形看起来就像一朵微型的牡丹。园艺师往往更偏爱这种重瓣花，因为它们没有繁殖器官，无法再进行有性繁殖，所以花瓣能维持更长的时间而不凋落。

Bosschaert, Ambrosius, Ⅲ (1573—1621)
安布罗修斯·博斯查尔特三世

他是荷兰“黄金时代”的静物画家。“黄金时代”跨越了整个 17 世纪，彼时的荷兰正处于贸易、科学、军事力量和艺术的巅峰，活跃在这一时期的艺术家还有伦勃朗、维米尔、老扬·勃鲁盖尔和弗朗斯·哈尔斯。

博斯查尔特通常被称为大安布罗修斯·博斯查尔特（Ambrosius Bosschaert the Elder），是荷兰静物画的先驱，他助力创建了影响整整一代画家的艺术类型。他是画家安布罗修斯·博斯查尔特二世（Ambrosius Bosschaert II）的儿子，也是三个儿子的父亲。这三个儿子子承父业，也成了静物画家，主要以花卉和水果为创作题材。

B

与两个弟弟相比，长子安布罗修斯四世，世称小安布罗修斯·博斯查尔特（Ambrosius Bosschaert the Younger，1609—1645），在绘画风格上与父亲更为接近，也是三兄弟中最杰出的画家。

博斯查尔特的画作通常以非常写实的方式描绘插在花瓶中的多种花卉，并辅以昆虫和珍奇的贝壳装饰。这类题材在有财力购买油画的荷兰人中大受追捧。彼时的荷兰人热衷于园艺，建造了举世闻名的植物园，展示来自海外的奇花异草，对郁金香的狂热迷恋在17世纪达到顶峰。人们钟情于花卉，不仅因为它们的美丽，也因为它们的象征意义——玫瑰和百合代表圣母玛利亚，紫罗兰象征谦逊，耧斗菜意味着悲伤，郁金香则是贵族的标志。博斯查尔特及其长子的许多画作都以郁金香为主题。

博斯查尔特一般在木板或铜板上绘制油画。他的大部分作品尺寸较小——有些甚至仅有5英寸[1]×7英寸，但画上的每一朵花、每一只昆虫和每一个贝壳都纤毫毕现。2014年，博斯查尔特一幅8¼英寸×6¾英寸的瓶花作品在拍卖会上以464.5万美元的价格售出。

1　1英寸＝2.54厘米，全书同。

Botanical illustration

植物学插画

植物学插画是一种依靠科学家和艺术家协作而成的艺术形式，用于记录新发现的植物、世界某一特定地区特有的植物，或出于其他目的而描绘的植物。绘制植物学插画是一种古老的做法，可以追溯到希腊早期植物学家狄奥斯科里迪斯（Dioscorides）的时代。他在公元 50—70 年编撰了多卷本的著作《药物志》（*De Materia Medica*），在书中描述并绘制了药用植物。

在早期的植物考察中，大部分科学考察队中都配备了一位画家，负责为考察中收集到的植物（以及其他生物）绘制科学、精确的图像。画家必须参照活体标本快速绘图，时常要忍受令人不适的气候条件、烦人的昆虫，还要承担远涉偏僻之地的危险。最好的作品往往出自既懂得绘画对象的解剖结构，又能详尽描绘其细节的画家之手；作品的价值也不仅在于其科学准确性，还在于其观赏性。

令人惋惜的是，尽管还有很多东西有待发现，但如今用于采集、考察的资金已经不多了。在某些情况下，人们得赶在物种因自然栖息地被破坏和气候变化而面临灭绝之前发现它们。但由于经费限制，仍然在进行这类考察工作的人员很少请画家同行了。很多时候，采集到的植物只能在经过干燥、压制或其他方法保存后才进行绘制。利用这类材料绘图的画家，必须能熟练地根据干制的标本或浸制的花朵重建出植物的三维立体图像，以方便人们观察其原始形态。然而现在就连根据植物标本绘制图像的技艺也即将失传。这是因为随着摄影技术的发展，人们可以用相机等在现场精确地拍摄观察对象，可以宏观地记录，也能捕捉到微观细节。对于欣赏植物绘画之美的人来说，这种变化是一种巨大的损失。

Bouquet of Peace, 1958

《和平的花束》

这是被世人奉为“现代艺术之父”的巴勃罗·毕加索（Pablo Picasso, 1881—1973）创作的一幅版画。毕加索长达 78 年的艺术创作生涯始于他的少年时代，直到他 91 岁去世时方告终止。这位出生于西班牙的艺术家通过油画、水彩、陶瓷、雕塑、拼贴以及其他各种媒介来实现各种形式的创作。他名满天下，在世时已身家亿万。世人对其才华的欣赏与日俱增，他的作品更是卖出上亿美元的价格。他最著名的画作包括反战主题的巨幅油画《格尔尼卡》（*Guernica*）、描绘了五个裸女的早期非写实作品《亚威农少女》（*Les Demoiselles d'Avignon*），以及《镜前少女》（*Girl before a Mirror*）——画中的少女凝视镜子，仿佛从中发现了自己的不足。

不过，毕加索极受认可、常被复制的作品还是《和平的花束》（原名 *Mains aux Fleurs*）。这幅版画源自他于1958年夏天为斯德哥尔摩一场和平示威创作的水彩画，在儿童画般的简单画面上，两个人的手一同握着一束色彩艳丽的鲜花，寓意着友谊、分享和善意是和平共存的基础。毕加索将这个五彩斑斓的醒目形象设计成海报，翻印了200张，并附上编号和签名，他希望这张海报能激发人与人和谐共处的意识。

B

Bunchberry (*Cornus canadensis*), Cornaceae

草茱萸，山茱萸科

草茱萸是山茱萸科的小小成员。草茱萸的“花”与备受喜爱的美国本土树种之一——狗木（学名 *Cornus florida*）的花朵颇为相似。我将“花”加上引号是因为被大多数人当作草茱萸花朵的部位实际上是它的花序。这种花序由数朵小的四瓣花组成，4 枚大的白色苞片聚生在花序周围。苞片是变态叶，发挥着吸引眼球的作用，造型惹眼地招揽传粉者：这里可以找到食物。

草茱萸的生长范围覆盖了北美洲、欧洲和亚洲北部森林的大片区域。因为草茱萸是克隆植物[1]，所以在紧密邻接的群落中，所有“植株”在基因上都是相同的（它们实际上都来自同一个母株）。但是，草茱萸并不是自花授粉的，来自某一分株花朵的花粉必须接触另一分株花朵的花粉才能实现授粉。

草茱萸真正的花朵虽然不起眼，实力却令人刮目相看：它创造了植物王国的移动速度记录。琼·爱德华兹博

1 克隆植物指的是无性繁殖的植物，这类植物具有在自然条件下自然地产生遗传结构相同的新个体的能力或习性。

士（Dr. Joan Edwards）在研究中指出，当草茱萸的花朵处于花蕾期时，雄蕊在紧紧包裹的花瓣内部被拉成弧形。花药在花苞开放前开裂，随着花苞的成熟，每个雄蕊的弧形部分从花瓣的两侧伸出，就像拉紧的弹簧，随时等待最轻微的触碰将它触发。当花瓣尖端伸展到足以突破束缚（比

草茱萸

如在来访昆虫引起的振动下）而打开时，雄蕊就会向上伸展，释放弹力，花药凭借爆发力将花粉向昆虫弹去或射向空中（花瓣在没有昆虫协助的情况下打开时）。相连的花药在雄蕊花丝顶端自由伸展，一直伸展到向上发射花粉的最佳位置，才会释放花粉。这种移动最大限度地拓宽了花粉的传播方向，从而确保花粉更充分地覆盖在昆虫身上。如此一来，昆虫就无法将花粉完全抖落或清理干净，花粉通过昆虫传播到另一朵花上的可能性就更大。花药以 4 米 / 秒的惊人速度弹出花粉，此时的加速度达到了重力加速度的 2000 多倍。在适宜的条件下，这些花粉可以通过气流传播到另一棵草茱萸分株上。

C

Cardabelle (*Carlina acanthifolia*), Asteraceae

刺叶蓟（老鼠簕叶刺苞菊[1]），菊科

刺叶蓟是一种开大花的无茎植物，原产于欧洲南部多石山的地区。它酷似向日葵花的大型花冠平铺在地上总是令人非常惊讶。其金色的苞片被一圈锯齿状的叶子包围，所有叶子都附在短小的茎干上，茎干的大部分生长于地下。这种植物花苞还未成熟时，有时可以像另一种菊科植物——菜蓟（artichoke）那样供人采摘并食用，因此它们在法语中也被叫作 *carline artichaut*。

钉在房屋一侧的刺叶蓟干花

1 根据种加词新拟中文名。——审校注

在西班牙和法国，人们把这种植物当成幸运符钉在门上，用来驱邪祈福。这导致野生刺叶蓟物种数量减少，被列入《世界自然保护联盟濒危物种红色名录》，目前已禁止在野外采集。

这种幸运符还有另一重功能——预报天气。在湿度上升和降水概率升高时，它的花冠会向内闭合，待到天气干燥时再打开。然而，这种特性只在白天才有用武之地，因为花冠在夜间总会闭合，在清早重新打开。

刺苞菊属（*Carlina*）有大概 30 个种，其中 2 个种与刺叶蓟生长在同一地区。第一种是无茎刺苞菊（*C. acaulis*），历史上一直被作为药用植物使用。因为它长有银色的苞片，故有时也被叫作“银蓟”（silver thistle）；又凭借它有预报天气的功能，也被称为“天气蓟”（weather thistle）。无茎刺苞菊也常作为装饰物被挂在家门口；在假山庭园爱好者当中也很受欢迎，因为它给庭园增添了与众不同的点缀。第二种是欧亚刺苞菊（*C. vulgaris*，接受名[1]为 *C. biebersteinii*），植株稍高一些，和刺苞菊属其他种一样，也可以充当“天气指示器”。

1　接受名，是“异名”的相对概念，指某种植物众多名称中的现代科学通用名。

Cauliflory

C

老茎生花

这是一个由拉丁语中表示“茎”（caulis）和“花”（flos）的词组成的术语，指植物的花在主干或老枝上开放，而不是从掩藏在树叶中的嫩枝或新芽上开放。老茎生花植物大多被发现于植被茂密的热带雨林。在空旷的茎干上开放的花朵更容易接近，因此更有可能被寻找花蜜或花粉的动物（通常是昆虫、鸟类，以及能攀爬或飞行的哺乳动物）发现（并授粉）；分散在树木新生枝干和新叶中的花朵较难被动物找到，即使找到了也难以接近、采食。当然，这些花朵之后结出的可食用果实也面临同样的情况。食果动物更容易靠近沿树干生长的果实，它们吃掉香甜的果肉，将果壳丢弃或排泄出来，因此这类树木的种子要么就落在树下，要么随着动物的移动而散播在附近区域。

在显示出这种特性的植物中，最出名的或许便是可可粉和巧克力［见词条“（来自可可树的）巧克力，锦葵科”的插图，第35页］的原材料来源——可可（学名 *Theobroma cacao*）了。其他出现老茎生花现象的植物还有可食用的面包树（学名 *Artocarpus altilis*）和波罗蜜（学名

A. heterophyllus)，后者悬挂的果实可长到3英尺[1]长。葫芦树（学名*Crescentia cujete*）的树干上可以结出巨大的木质果实，这些果实可以制作装饰碗和亚马孙独木舟上所用的水瓢。包括炮弹树（学名*Couroupita guianensis*）在内的多种巴西炮弹树也有老茎生花的特点。北美土生土长的加拿大紫荆（学名*Cercis canadensis*）是温带乔木出现老茎生花现象的例子，它的树干上会开出粉红色的花朵。

由于写法接近，你或许会好奇被我们称为“花椰菜”（cauliflower，即野甘蓝，学名*Brassica oleracea*）的蔬菜是不是也有老茎生花的特性。实际上，尽管花椰菜的花冠由一簇紧密的闭合花苞组成，但花苞并不是从茎干上冒出来的，而是从主花梗上长出来的，因此不符合老茎生花的标准。

Chocolate (from *Theobroma cacao*), Malvaceae

（来自可可树的）巧克力，锦葵科

巧克力是用原产于中美洲和南美洲热带森林的可可种子制成的食品。正如大多数巧克力爱好者所认同的，用

1　1英尺 = 0.304 8米，全书同。

属名“Theobroma”来称呼这种食品更为贴切，因为它的意思是“神的食物”。不过，制作可可粉的种子里含有少量味道苦涩的生物碱，对人类和其他哺乳动物来说，这种味道着实难以入口（想想烘焙用的无糖巧克力就知道了）。苦味的化学物质具有保护种子的作用，可以避免采食可可果实的动物将种子吃下去；即使误食，也能让种子完好无损地通过消化道排泄出来。

可可是一种老茎生花植物，它形状奇特的白色小花直接从树干和老枝上生长出来。据说，可可花依靠以花粉为食的蠓（小飞虫）授粉。成功授粉并不常见，只有极少数花朵能结出果实。可可果实黄色和红色的果皮肥厚，包裹于其中的香甜果肉会吸引猴子和其他小型哺乳动物到来。它们咬开果实，吃掉白色的肉质果肉，然后把果实中心的种子丢在森林地面上。可可果实的果肉一直深受亚马孙原住民的喜爱。直到可可（很可能是通过人为干预）传到中美洲，可可种子才成为一种关键的原料，用它制成的饮料深受史前中部美洲人推崇。人们将可可视为珍贵的植物，将它的种子当成货币来使用。

可可豆必须经过发酵、干燥、粉碎、烘焙等多个工序的加工过程，才能成为我们享用的巧克力的原料。这一加工过程最初是中美洲的玛雅人发明的，他们将粉碎的可可豆与经过辣椒、香草和其他香料调味的水混合，调制出一种苦味的起泡饮料。虽然最早品尝到这种饮料的探险家觉得它难以下咽，但还是服用它来补充能量，其中富含的咖

可可及其茎生花（左：可可，右：茎生花）

啡因和可可碱也可以充当兴奋剂用来提神。1530 年，探险家埃尔南·科尔特斯（Hernán Cortés）首次将原始形态的巧克力带回西班牙。西班牙人在巧克力中加入糖、肉桂和其他添加剂之后，巧克力饮品才在西班牙流行开来。这个配方一直被严格保密，直到一场跨国皇室联姻促成巧克力在整个欧洲的风靡。这种有刺激性的巧克力饮品在欧洲出现的时间比咖啡和茶都要早。

Chrysanthemum (*Chrysanthemum* spp.), Asteraceae

菊花（菊属植物），菊科

菊花是秋季花园中随处可见的花朵，也是日本皇室的象征。几个世纪以来，它们一直在日本极富象征意义的造菊艺术中被使用。这种艺术包括对植株进行将近一年的培育，以使其形成壮观的造型，比如倾泻而下的花朵瀑布或百花齐放的盆栽。这些造型都需要大量同时开放的花朵才能完成。

菊属植物还有一种鲜为人知但经济价值很高的用

途：它是重要的天然杀虫剂——除虫菊酯的来源。除虫菊（学名 *C. cinerariifolium*）和红花除虫菊（学名 *C. coccineum*）在这方面的作用尤其突出，一些分类学家认为这两种植物应归于菊蒿属（*Tanacetum*）。除虫菊酯含有至少 6 种对昆虫和其他节肢动物（如蜱虫）有毒的化合物。这些化学物通常是从花朵中萃取得来的，有时也可将整朵花干燥、压碎后制成含有除虫菊酯的粉末。除虫菊酯的作用原理是影响昆虫和蛛形纲动物的神经系统，迅速致其瘫痪并死亡。含有除虫菊酯的杀虫剂可用于园艺作物和园林植物，还被认定为有机产品，可迅速降解，因此比人工合成的农药更安全。一些含有除虫菊酯的产品可用来为宠物和牲畜驱虫；还有些产品供人类使用，比如将苄氯菊酯喷雾喷在衣物上可防止蚊虫叮咬；某种含有除虫菊酯的产品能治疗头虱。然而，“更安全”并不意味着一定安全。最近一项研究表明，长期接触除虫菊酯的人群因各种疾病而死亡的概率比普通人高出 56%，因心血管疾病死亡的概率比普通人高出 3 倍。因此，阅读并谨遵除虫菊酯产品的使用说明是很重要的。

Cleistogamous flowers

C

闭锁花

闭锁花是通常呈绿色的小花，因其大小和颜色时常为人所忽视，即使被注意到，也经常被误认为是花苞。闭锁花根本不会开放，它们的受精方式被称为“闭花受精”（cleistogamous），这表明其生殖器官是封闭的。与之相对的是“开花受精”（chasmogamous），用来描述会开放吸引传粉者的花朵的受精方式，这种受精方式的花相对而言更加典型和常见。

当植物因各种原因（比如开花时遇到传粉者不能飞行的恶劣天气）无法结出含有种子的果实时，闭锁花作为植物的备用生殖系统将发挥真正的作用。这种机制的常见例子就是包含多种植物的堇菜属（*Viola*）。堇菜属植物在春天开出紫色、白色或黄色的漂亮花朵，吸引蝴蝶和其他昆虫来传粉。同样是这些植物，暮春时节，靠近植株底部的位置会生出绿色花蕾状的小花。这些闭锁花不会开放，与缤纷绚烂的春花相比，它们的生殖结构更少，也更简单。花粉在闭合的花朵之内从雄蕊的花药转移到雌蕊的柱头上，这样的繁殖不需要传粉者就能完成。

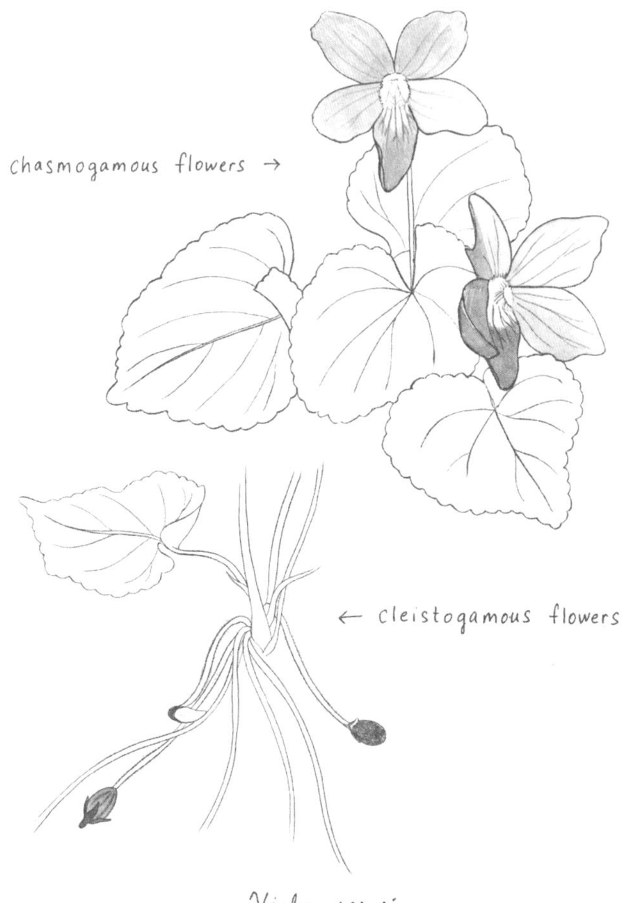

习见蓝堇菜（学名 *Viola sororia*）的开放花（上）和闭锁花（下）

虽然闭锁花能产生受精的种子，但这些种子长成的子代植株与母株在基因上完全相同。与大多数动植物一样，引入新的遗传物质对物种是有益的；就植物而言，即一株植物的花粉使另一株植物的胚珠受精。尽管如此，闭锁花还是提供了保障，确保植物在任一年份中至少能产出一些种子。

Cloves (*Syzygium aromaticum*), Myrtaceae

丁子香，桃金娘科[1]

经过干燥的丁子香花苞的香气主要来自化合物丁香酚（eugenol）。和刺山柑的花苞一样，丁子香也是我们人类食用花朵（以及未开放的花苞）的例证。就丁子香而言，我们既可以在烹调时用整颗干花苞来调味（比如将其塞入熏制火腿，食用之前去除），也可以将花苞研成粉末，为烘焙食品或咸鲜口味的菜肴增添风味。

丁子香原产于印度尼西亚东部被称为“香料群岛”

1　本篇所述为桃金娘科的药用丁香，也称丁子香，与作为观赏植物的丁香（木樨科）是不同的植物。

（即摩鹿加群岛，又名马鲁古群岛）的地方。在商业种植中，当丁子香花苞紧紧卷曲的花瓣显出红色时，就可以采摘了。采下的花苞在阳光下晒干，直到它们变成红褐色。花苞由 4 枚长长的合生萼片组成，顶端分开，萼筒呈圆筒结构（未开放的花瓣）。由于花苞的形状与指甲有几分相似，所以这种香料的俗名来自拉丁语“clavus”，意为“指甲”。

公元前 3 世纪，丁子香在中国已为人所知；公元 1 世纪，罗马人老普林尼（Pliny the Elder）也记载了它。中世纪，丁子香贸易已相当广泛，但仍只在摩鹿加群岛种植。直到 18 世纪晚期，它们才被带到毛里求斯，然后又传到桑给巴尔岛，这里后来成了世界丁子香生产中心。和其他香料一样，丁子香价格高昂，甚至对富人来说也是如此。除了烹饪之外，它们还可用于治疗疼痛，特别是牙痛。最近的研究表明，丁子香所含的丁香酚驱避蜱虫幼虫和蚊子的效果与避蚊胺（DEET）不相上下。有趣的是，同样是丁香酚这种化合物，却令某些兰花蜂心驰神往。

Clusia microstemon, Clusiaceae

小蕊书带木[1]，藤黄科

C

这是亚马孙常见物种，属于特有的新热带属（书带木属，*Clusia*），该属包括约 300 种小型乔木、附生或半附生灌木。书带木属植物的花朵大小、花型，以及它们提供给传粉者的花部报酬都有很大差异，因此我选择了其中一个种来重点介绍，同时也从整体上对这个属进行讨论。尽管某些书带木属植物的花朵会提供花蜜、花粉等作为花部报酬，但包括小蕊书带木在内，该属的多种植物都会专门产生一种可供蜜蜂采集用以筑巢的黏稠树脂。树脂是一种罕见的花部报酬，仅在书带木属及其亲缘属苞圣木属（*Clusiella*）植物，以及毫无亲缘关系的大戟科黄蓉花属（*Dalechampia*）植物中发现。

书带木属的大部分植物是雌雄异株的，不同的植株分别开雄花和雌花，且两者在外观上有显著差异。有些种尚未被科学描述，因为人们只发现了一种性别的花朵。总体而言，雄花和雌花都会为传粉者提供花部报酬，但在

1　根据种加词新拟中文名。——审校注

小蕊书带木的雄花、雌花和果实

某些情况下，雌花不提供花部报酬，而是通过“错误传粉”——蜜蜂混淆了雌花与雄花——来完成传粉。

书带木属植物的花瓣散发的怡人香气是最初的蜜蜂引

诱剂。小蕊书带木的花朵外围呈白色，靠近中心处则为鲜红色。雄花的中央长有一个由短小的雄蕊组成的黄色扁平花盘，雄蕊上附着了由树脂、雄蕊油和花粉构成的黏稠混合物。不同类群的蜜蜂——通常是小型的无刺蜂——用上颚收集树脂，然后将它转移到后腿硬毛围成的“花粉篮”中带回蜂巢。如果它们在回巢途中又造访了其他花朵，那么花粉就可能从“花粉篮”里释放出来，落在雌蕊的柱头上。小蕊书带木的雌花中心有一个明显凸出的结构，其顶部为可授粉的柱头；围绕在雌蕊底部的退化雄蕊（不育的雄蕊）则分泌出蜜蜂会收集的树脂。与其他大部分植物的树脂（比如树皮伤口渗出的树脂）不同，这些花朵产生的树脂不会迅速变硬，这就让蜜蜂有时间带着树脂从一朵花移动到另一朵花上，并且趁着树脂仍柔软时用它筑巢。蜜蜂回到蜂巢，就会把树脂涂抹在由泥土、有机物和矿物质原料组成的蜂窝上，这能起到加固和防水的作用。蜂巢的入口处也能看到新鲜的黄色树脂汁液。此外，这种树脂——特别是来自雌花的树脂，还具有抗细菌和抗真菌的特性，可以保护蜜蜂免受病原体的侵害。

蜜蜂是书带木属植物的主要传粉者，不过也有报道称，一些以花粉为食的夜行性甲虫甚至蟑螂也能为它们传粉。还有一些种类的昆虫和蜂鸟也会造访书带木属植物的花朵，但人们认为它们并不是有效的传粉者。

书带木属植物的受精花会结出肉质的蒴果，蒴果开裂形成一个形似海星的结构，露出种子。鸟类吃掉种子周围色彩鲜艳的肉质假种皮，并将种子散播开去。让人唏嘘的是，捕鸟人正是用从种子中提取的树脂制成粘鸟胶，将这种黏糊糊的物质抹在树枝上诱捕鸟类的。

Confusing common names

容易混淆的俗名

俗名是大多数人指称其本地植物时使用的当地通俗名称。俗名往往是描述性的且大多富有趣味，因此很容易被记住。然而，当一个物种拥有多个俗名时，要判断讨论的到底是哪种植物难免会遇到问题。比如，鳟鱼百合（trout-lily），学名为美洲猪牙花（学名 *Erythronium americanum*），也叫狗牙堇（dogtooth violet），尽管它与堇花毫无共同之处；又如，唢呐草（miterwort），学名为二叶唢呐草（*Mitella diphylla*），也被称为主教帽草（bishop's cap），这两个描述性的名字都是根据其果实的形状得来的。当多个物种使用同一个俗名时，就更容易混淆了。比如，有一种美国薄荷属（*Monarda* spp.）的北美野花叫作“香柠檬”（bergamot）；还有一种柑橘属的果树也叫“香柠檬”（*Citrus* × *berganmia*）[1]，这种乔木可能是起源于东亚的杂交种，曾经在意大利南部广泛分布。在前一个例子中，可能有人会奇怪，为什么“鳟鱼百合”的花朵明明与百合的花朵相似，却被叫作堇花。而在之后的例子中，弄错同名植物则有可能导致医疗问题：这两种“香柠檬”都可用于制茶，拟美国薄荷（学名 *Monarda fistulosa*）是草药茶的原料，柑橘科的香柠檬则是伯爵红茶的一剂调料。然而，配料表通常只列出“香柠檬”，而不说明其来源。有些药物会提示病人，在服药期间不要食用葡萄柚（也是柑橘属）。如果服用这类药物的病人吃了葡萄柚，就有可能出现与食用柚子相同的副作用。这类副作用包括抑制酶的分解，让更多药物进入血液，又或导致人体吸收的药量过少。

与学名不同的是，没有一个监管机构能决定某种植物

1 学名中的“×”代表该植物是两个物种的杂交种。

公认且唯一的俗名是什么，因此，如果你有疑虑，还是查核学名为好。

Corpse flower (*Amorphophallus titanum*), Araceae

尸花（巨魔芋），天南星科

巨魔芋是拥有世界上最大的不分枝花序的植物，花序高度可超过 9 英尺（学名 *Corypha umbraculifera* 的贝叶棕则长有世界上最大的分枝花序）。与天星南科的其他成员一样，巨魔芋的花序由一个肉质花序轴（即肉穗花序）和包裹在它周围的巨大佛焰苞组成。虽然肉穗花序基部有数百个单独的雄花和雌花，但就吸引传粉者而言，是花序作为一朵花在发挥作用。

夜晚开花的巨魔芋花期只有两天。第一个晚上，肉穗花序会使其内部的温度升高，比环境温度高出 8 摄氏度，甚至达到人体温度。高温有助于巨魔芋将气味散发到夜晚的空气中。巨魔芋被称作“尸花”是实至名归：它的异香闻起来就是腐肉的气味。巨魔芋具有欺骗性的拟态特点，它利用香味和佛焰苞内壁的紫红色（这让它伪装成生肉的骗术更显高超）引诱传粉者靠近。在苏门答腊的自然生境中，巨魔芋近似腐肉的气味吸引着丽蝇和埋葬虫。这些昆虫觉得这种气味很有诱惑力，是因为它们通常会寻找动物正在腐烂的尸体并把卵产在上面，从而确保孵化出来的幼虫随时随地都能享用取之不竭的腐肉大餐。虽然这听起来很倒胃口，但这些昆虫在分解死亡生物并将养分输送回土壤的过程中发挥了至关重要的作用。

最初，巨魔芋花瓶状的佛焰苞紧紧包裹着肉穗花序；通常在开花的第二晚过后，佛焰苞会再次紧紧地闭合，阴茎状的肉穗花序逐渐变软下垂；橄榄大小的果实开始发育，成熟之后被散播种子的鸟类吃掉。

这种神奇的植物最早由意大利植物学家奥多阿尔多·贝卡里（Odoardo Beccari）于1878年发现。他送回意大利的巨魔芋种子发芽后，长了一年的幼苗又被送往欧洲各地的植物园。10年后，其中一株幼苗在英国伦敦的皇家植物园（邱园）温室中开出了一朵花。如今，巨魔芋在很多植物园都有种植。巨魔芋的球茎需要10年时间才能储存下足够的能量来长出第一个花序，因此这样的现象实属罕见。这一盛况常会引起轰动，引得成千上万人在这种

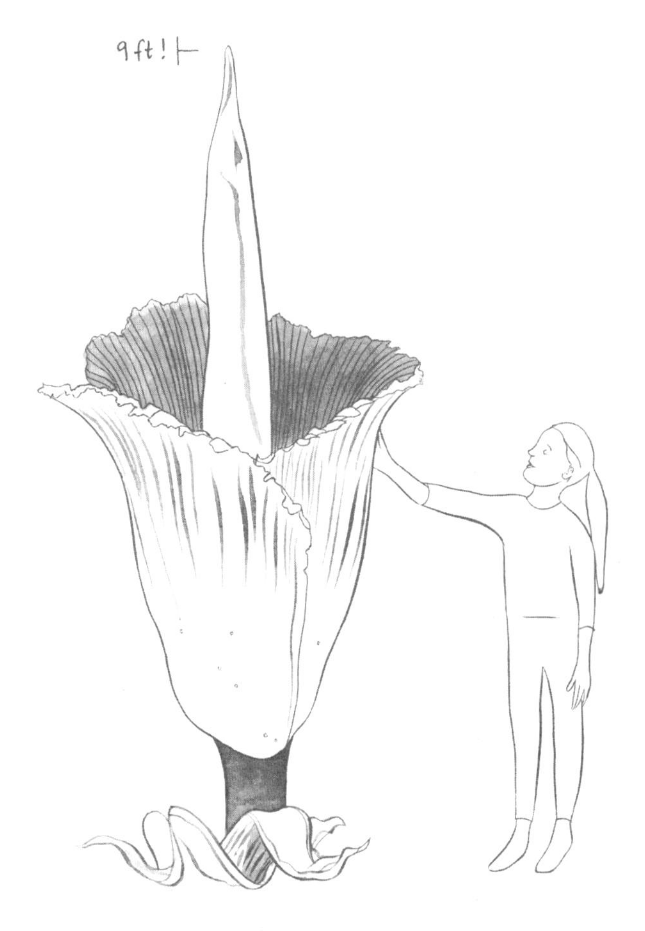

Amorphophallus titanum

Corpse flower

高达9英尺的尸花（即巨魔芋）

最奇特的植物开花时来看一看、闻一闻。植物园之间会分享可繁育植株的种子，这意味着很多由植物园培育的巨魔芋在基因上有亲缘关系，并且年龄相同，因此，它们开花几乎也是同步的。2016 年就出现过这种情况：几个星期之内，美国境内 10 个地方的植物园和其他几个国家的植物园里，巨魔芋竞相开放。

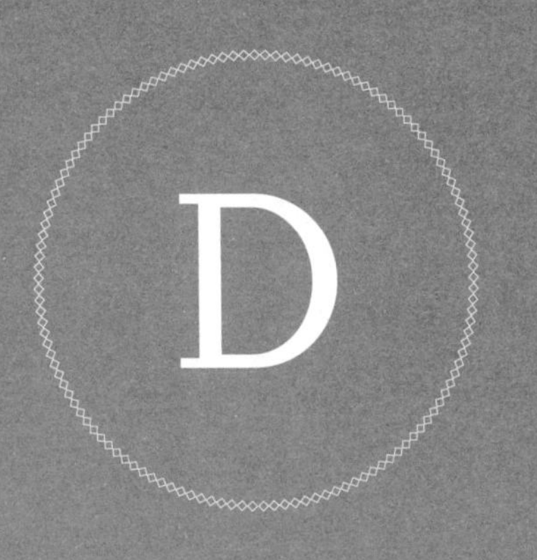
D

D

Darwin's orchid (*Angraecum sesquipedale*), Orchidaceae

达尔文兰（长距彗星兰），兰科

一种长有星状花朵的兰花，有10~17英寸长的花距（即最上面的萼片向外延伸形成的管状结构）。这种植物与查尔斯·罗伯特·达尔文有关，正是他根据花距的长度推测，其传粉者必定是一种喙很长的飞蛾，因为只有喙足够长，才能接触到花距内部的花蜜（花蜜在花距中填积了一定高度，因此飞蛾的喙不需要与花距等长）。人们当时还没发现这种飞蛾，达尔文也因为这个看似荒唐的想法而受尽冷嘲热讽。然而，41年后，达尔文的预言得到了证实：一种非洲长喙天蛾（俗名"预测天蛾"，学名*Xanthopan morganii praedicta*，可能是为了纪念达尔文的预测而得名的，但对这种新发现的蛾子的描述并没有提到他本人）在马达加斯加被发现，而长距彗星兰正是马达加斯加特有的植物。遗憾的是，在预测天蛾被发现的21年之前，达尔文就去世了，没能心满意足地看到自己的预测被证实。此后，人们在马达加斯加又发现了一种与预测天蛾喙一样长的天蛾。

达尔文兰的学名*Angraecum sesquipedale*中的种加词

达尔文兰（即长距彗星兰）

“sesquipedale”（拉丁语，“一英尺半”之意）指的便是这种植物长长的花距。当天蛾从蜜腺腔拔出喙时，会接触到附着在花粉团上的黏液，黏液就粘在它的喙上，最终在它接触另一株兰花时完成授粉。

这种植物是圣诞节前后被带回欧洲的，因此也有“伯利恒之星”和“圣诞兰”的叫法。达尔文是根据长距彗星兰花朵的颜色（白色）及其浓郁刺激的香味推测出，某种夜间活动的飞蛾可能是其传粉者，因为这两点都是飞蛾传粉的典型特征。

Dayflower (*Commelina communis*), Commelinaceae

白昼花（鸭跖草），鸭跖草科

鸭跖草是东亚常见植物，也广泛生长在欧洲大部分地区和美国东部地区。尽管鸭跖草看起来形如杂草，但仔细观察就会发现，这种只开花一天的植物十分清丽可人——2 片具爪的大花瓣透出亮蓝色，能立刻抓住你的目光，引你靠近欣赏；然后，你就会注意到在惹眼的蓝色花瓣底下，还有第三片白色的小花瓣。由于其花瓣颜色相差甚远、大小悬殊的特性，促使瑞典植物学家卡尔·冯·林奈（后文简称林奈）用 17—18 世纪荷兰考梅林三兄弟的姓氏“Commelin”为鸭跖草属命名。考梅林兄弟三人都是植物

Commelina communis
Dayflower

白昼花（即鸭跖草）

学家，其中两个是学界的杰出人物（由鸭跖草的两片蓝色花瓣代表），而（鸭跖草的白色小花瓣代表的）第三个，用林奈的话说：“在植物学界尚无建树就去世了。”

鸭跖草花没有花蜜。有趣的是，在它的 6 枚雄蕊中，

D

3 枚短的在最上面，有“十”字形的黄色花药，不育，其作用是吸引蜜蜂的注意；1 枚中等长度的在中间，黄色的花药较小，带有花粉；最下面的 2 枚雄蕊最长，是可育的，有小的褐色花药。花柱就夹在最下面的 2 枚雄蕊中间。长雄蕊和花柱就是昆虫的“着陆台”，这通常也导致花粉沉聚在柱头上。长雄蕊的花粉有助于实现异交，中间雄蕊的花粉则主要是供昆虫采食的报酬。

鸭跖草的栽培变种“Hortensis”长有更大的蓝色花朵，是制作日本青花纸的蓝色染料[1]来源。人们至今仍为了制造染料而栽种鸭跖草，将挤压蓝色花瓣取得的汁液手工涂染在纸上，然后晾干。若要重新获得染汁，把纸浸泡在水中即可。露草蓝也是日本木版画（浮世绘）中使用的重要着色剂，与其他颜料混合还能产生蓝灰色、碧色、紫色等。不过，大部分露草蓝已被其他着色更持久的蓝色染料取代，现在它主要用于在丝绸印花艺术和扎染中绘制图案。

近期的研究显示，鸭跖草对重金属——特别是铜——具有强大的吸收积累特性，因此它或许对土壤修复具有一定作用。

1　即露草蓝。鸭跖草在日本被称为露草。

Deadly-nightshade (*Atropa belladonna*), Solanaceae

致命夜影（颠茄），茄科

颠茄是一种原产于欧洲的茄科植物。正如其俗名所示，颠茄毒性很高。但颠茄有很长的药用历史，它含有两种常用生物碱：一种是阿托品（atropine，两个莨菪碱对映异构体的混合物），这也是眼科检查会用到的有效散瞳药物（由于其作用持久，现在基本已被短效药托吡卡胺取代）；另一种是东莨菪碱（scopolamine），常被用于预防晕动病的贴剂。茄科的其他植物，包括曼陀罗属（*Datura*，如曼陀罗）、天仙子属（*Hyoscyamus*，如天仙子）、木曼陀罗属（*Brugmansia*，如“天使的号角”木本曼陀罗）等，也含有阿托品。阿托品通过阻滞调节瞳孔大小、适应光线水平的睫状肌收缩来发挥作用，必须在医生的指导下使用。

颠茄的另一个俗名“Belladonna”（也是其种加词）在意大利语中是“美丽女郎”之意。文艺复兴时期，某些追求虚荣的女人将“致命夜影”的汁水滴入眼中，认为这会让她们看起来更加动人。这种做法可以追溯到克里奥佩特拉七世时代，出于同样的动机，这位埃及女王使用天仙子的提取物来扩张瞳孔。事实上，有报道称时至今日，一些时尚模特还会使用阿托品。

茄科的其他很多植物也因具有毒性而闻名，因此当番茄首次从新大陆引入欧洲时，欧洲人对食用番茄持保留态度。茄科的有毒植物在民间医学中多有使用，也常被当作致幻剂。其中，欧茄参（又称曼德拉草，茄参属）的毒性尤其强烈，因为它的根似人形，所以关于它的传说经久不衰。今天，欧茄参仍在各种“巫术”仪式上使用。据说从土地里拔起来时，欧茄参还会“尖叫”呢。

Disks and Rays

管状花与舌状花

这是两种花的类型，常见于多种菊科植物的头状花序。尽管我们把雏菊整体当作一朵花，但它实际上是许许多多花朵组成的头状花序。这些花朵分为两个类型：花序中部黄色部由管状花组成；围绕着它的白色花瓣状部分则是舌状花。舌状花的花冠连合为较短的管状，上缘通常三裂，可能是不育花或仅有雌蕊（具有雌性生殖器官）。这样的排列方式也被称为辐射头状花序，以雏菊和向日葵为代表植物。许多细小花朵组合成一个头状花序的结果便是，造型惹眼的花序更有可能吸引传粉者前来。

不过，并非所有菊科植物的花朵都和雏菊一样。一些菊科植物只有管状花，这样的花被称为盘状花（discoid），例如蓟（蓟属）和斑鸠菊（斑鸠菊属）的花。这类花可能是不育花，也可能是雄性花或两性花。还有一些管状花，同一个头状花序上同时存在单独的雄花和雌花，或不同的头状花序分别具有全部的雌花或雄花，这类花序是另一种盘状花（disciform）。在蝶须属（*Antennaria*）中，雄性头状花序为 discoid，雌花的则为 disciform。

也有一些植物仅有由舌状（或曰条状）花组成的头状花序，蒲公英和菊苣的头状花序就是典型例子。条状花与舌状花外观相似，不同之处在于它是完全花（用植物学的术语来说，这意味着同一朵花上有花萼、花冠、雌蕊和雄蕊），舌片上部的五齿则说明它是由 5 片管状的花瓣连合而来的。

除了这些基本的类型之外，管状花和舌状花还有很多种变化，这也让一株菊科植物的“花”远不是“一朵花”那么简单。

Helianthus annuus
Sunflower

向日葵（学名 *Helianthus annuus*）花瓣状的假舌状花和中央的管状花

Doctrine of signatures

形象学说

形象学说是一种认为植物通过其形态和颜色显示疾病治疗功效的学说，可以上溯到古希腊早期（甚至更早）。自 16 世纪至 20 世纪现代医学出现，这种观念一直在欧洲广泛流传。神学家们主张，上帝创造了供人类使用的植物，并为它们赋予了能够被人类识别出的特征，从而使人类领悟到该如何利用它们。尽管某些替代疗法治疗师仍然在使用形象学说的概念，但它现在已经被视为伪科学了。虽然在某些情况下，当人们发现一种植物对某种疾病有治疗作用时，会在事后“发觉”这种植物与其治疗的身体部位有几分形似，并将此作为一种可识别的特征，但是并没有科学文献证明植物仅凭其形状和颜色就具备治疗疾病的功能。在世界各地的某些文化中，人们对当地植物仍有类似的“以形补形”的说法。

很多常见植物仅因为外形便被用来治疗疾病。我们很熟悉的一个例子就是叫作肝片或肝叶的植物，它们其实是生长在北美东部森林的早春开花草本植物美洲獐耳细辛（即圆叶獐耳细辛，异名 *Hepatica americana*，接受

肝叶（即美洲獐耳细辛）

名 *Hepatica nobilis* var. *obtusa*）和尖裂獐耳细辛［异名 *H. acutiloba*，接受名 *Anemone hepatica* var. *acuta*，一些分类学家将其归入银莲花属（*Anemone*）］。獐耳细辛叶片浅裂，冬季变成绛红色——与肝脏颜色十分相似，人们因此认为它对治疗肝病有效。19 世纪，美国人对獐耳细辛干叶片制成的医药产品需求剧增，以至于南阿巴拉契亚山脉的獐耳细辛被采掘殆尽，迫不得已要从种植欧洲獐耳细辛品种的德国进口。后来，人们对这些叶片的化学成分进行了分析，并没有发现任何具有药用价值的化合物。

还有一些符合形象学说的植物：比如生殖草（birthwort，即马兜铃，马兜铃属），它的花看起来形似女性生殖器，因此被用于治疗分娩期的女性的某些疾病，但现在人们已经知道它是致癌物；又如圣约翰草（Saint John's wort，即贯叶连翘，金丝桃属），其叶片上的小孔仿佛预示着它可以治疗各种皮肤病和皮肤损伤（皮肤上也有细小的毛孔），这种植物目前已被证实具有一定的抗抑郁特性；再如肺草（lungwort，肺草属），它长有白色斑点的叶子看起来好似生病的肺叶，因此人们认为它对治疗肺部疾病有效；核桃（胡桃属）因为形似大脑，也被当成了治疗头部疾病的灵药。

另一方面，对带有苦味或强烈气味的植物进行的研究带来了收益，因为这些特性表明它们可能含有生物活性物质（比如生物碱），而这类物质具备潜在的药用价值。因此，我们也可以认为，这些感官信号能够向人们传递出某种植物所含的化学物质可能具有药用价值的信息。

Dodder (*Cuscuta* spp.), Cuscutaceae

菟丝子（菟丝子属），菟丝子亚科

菟丝子是一种看起来没有叶片的寄生植物（叶片退化

为沿着茎部生长的微小鳞片），它将意大利面一样的橙色或淡黄色茎缠绕在其他植物上。茎首先通过分泌“胶水”附着在寄主植物上，然后穿透寄主植物的组织形成吸器，与寄主植物的维管系统连通。从这一刻起，菟丝子实质上已嫁接到寄主植物上，之后便将从寄主植物上吸取所需的全部水分和营养。

当菟丝子寻找寄主植物时，幼苗就会盘旋着向上生长，直到它接触到一个合适的寄主植物。有些品种的菟丝子会寄生在不同种类的寄主植物上，其他品种则对它们的“受害者”有更明确的要求。不过，无论是上述哪种情况，菟丝子都会向着叶绿素含量高的寄主植物靠近、生长（这是由于植物的绿色部分对透射进来的光具有向光性），这样的寄主植物能为寄生植物提供更丰富的营养来源。

一株菟丝子的茎条缠结成一团，茎上开着白色的小花。如果将它捋清理顺，一株成熟的菟丝子长度可接近 1 千米，几株菟丝子就能将一棵小树完全覆盖。菟丝子的侵害是难以控制的。

当一株或数株菟丝子寄生于邻近的多个寄主植物时，它们便在这些植物间形成了连接的“桥梁”。这些桥梁可以将病毒从一个寄主植物传播到另一个寄主植物，但也可以在寄主植物受到植食动物（如昆虫）攻击时发挥积极的作用。被攻击的植物通过菟丝子连接的网络向其他寄主植物传递激素信号，从而刺激未受损伤的植物产生抵御植食动物的化合物。

在一个显著的趋同进化（convergent evolution）例子中，另一种寄生植物进化出与菟丝子属植物相似的生活习性和外观，但它其实属于毫无亲缘关系的樟科（Lauraceae，包括灌木和乔木，如山胡椒和鳄梨），那就是无根藤属（*Cassytha*）植物。其生长规模不大，主要分布在南半球，与菟丝子属不同的地方在于，它的茎是绿色的，在与寄主植物建立连接之前可以进行光合作用，之后才会变为黄橙色。除非仔细辨别它们的花或者果实，不然很难看出菟丝子和无根藤属植物的差别。

Dutchman's breeches (*Dicentra cucullaria*), Papaveraceae

荷兰人灯笼裤（马裤花），罂粟科

马裤花是美国东北部一种开花很早的野花（该物种也

间断分布于太平洋沿岸的美国西北地区），其俗名和学名都形象地描述了它的花朵。马裤花让人联想起荷兰人过去穿的一种宽松裤子，花沿着粉色的花梗倒挂排开，就像夹在晒衣绳上晾晒的裤子。它的属名“Dicentra”源自希腊语“dis”（意为“两个”）和“kentron”（意为“尖端”）；种加词“cucullaria”则为拉丁语，是“有兜帽的”之意，指的是包住生殖器官的内花瓣形成的闭合兜状结构。

马裤花是一年中开花时间最早的野花之一，远远早于许多昆虫开始活跃的时间。不过，它与熊蜂——特别是蜂王已经进化出紧密的生态关系。熊蜂蜂王是唯一在北方气候带越冬的熊蜂，躲在树洞、地下或其他御寒之所。蜂群的其他所有成员在当年秋天就已死亡。蜂王在寻找越冬场

荷兰人灯笼裤（即马裤花）

所之前交配，早春从休眠中苏醒后就急需找到筑巢、产卵繁殖的地方。由于身体强健，周身覆毛，蜂王能够在许多其他昆虫难以适应的寒凉天气里飞行——这种天气正值马裤花开花的时节。

蜂王必须先找到满足其能量需求的花蜜来源，然后才能筑巢。马裤花长而尖的花距顶端藏着大量花蜜，因此，只有喙足够长的昆虫才能触探到花蜜。熊蜂蜂王就长着这样的长喙。当它用长着爪子的足抓住花朵，垂下身来探取花蜜时，花粉便落在它的身体上，被它带到采食的下一朵花上，就此完成授粉，实现了双赢。

Dye plants
染料植物

染料植物是用于为纺织品、皮革和其他材料制作染料的植物。矿物及动物、真菌等生物有机体也是染料的来源，它们的用途早在新石器时代就有记载。这里我们暂且不展开对这些非植物源性色素的讨论。

根据现存的纺织品残片来看，早在铁器时代（公元前

1200—公元前500年）染料植物就已经常用于制作红色、蓝色和黄色染料了。由于植物染料通常更易提取，制作成本也更低，所以它们在大部分用途中取代了动物染料。由染色茜草（学名 *Rubia tinctorum*）和茜草科亲缘植物制成的茜草染料，是最早的植物染料之一。（值得注意的是，可制作染料的植物通常可根据其学名的种加词识别出来，比如此处表示“染色”之意的“tinctorum”。）将干燥的茜草根磨成粉，就可制造茜草色素。在埃及法老图坦卡蒙的墓葬中发掘的织物就是用这种植物制品染色的。茜草染料在珍奇色料“土耳其红”的绝密配方上也有一席之地，土耳其红鲜艳的红色是茜草染料与包括粪便在内的多种非常规配料混合产生的。

从十字花科的草本植物菘蓝（学名 *Isatis tinctoria*）叶子中萃取蓝色染料则涉及一个漫长而繁复的工序：首先将叶子捣烂，过滤后揉搓成球状，然后在架子上干燥一周至数周，再研磨成粉末；将粉末撒在石板上不断翻动，淋上水，直到它开始发酵；最终形成黏土状的物质，产出量只有叶子原料数量的1/9。这种物质随后被制成水基溶液，加热至少3个小时后才能用来浸泡纤维或布料。菘蓝贸易曾给法国图卢兹的染料商人带来可观的财富，但是菘蓝染料后期逐渐被成本更低的豆科植物木蓝（学名 *Indigofera tinctoria*）制成的靛蓝（indigo）替代，最终黯然失色。（最近的一项研究声称，人们从秘鲁北部一座古代庙宇中发现的、已有6000 年历史的纺织品中分离出了靛蓝染料。）木蓝取代菘蓝成为蓝色染料的原因之一是它不需要媒染剂。

如今，成立于图卢兹附近的一家小型公司正在恢复传统的菘蓝染料生产和使用方式。我去当地观察了制作过程，最令我惊叹的是，从染缸中拎出的鲜绿色布料在悬挂晾干时氧化，迅速地变成蓝色。

媒染剂能够使染料渗透纺织品，让纺织品更加耐光，或完全改变合成的颜色。常见的媒染剂有明矾，还有柠檬汁和醋等酸性物质，也有石灰、铬、陈尿，甚至还有染缸的材料（如锡、铜、铁）。由于这些染池恶臭熏天，所以它们往往都坐落在城市边缘。我参观过摩洛哥菲斯的染坊，我证明这里确实"臭名远扬"[1]。男人们站在及膝的染缸里，胳膊和腿已经被含铬染料永久染色，这种染料多用于给绵羊皮、山羊皮和骆驼皮染色。

除了上述植物的根和叶，植物染料来源还包括各种

1 菲斯以手工皮革染坊闻名。

树皮（如黑栎的树皮）、虫瘿（比如一种从学名为 *Quercus coccifera* 的大红栎树叶上的特殊虫瘿中提取的染料，20 世纪初便被作为永固油墨使用）、茎（如菟丝子）、坚果壳（如核桃）、木材（佛教僧侣的僧袍上那明亮的黄橙色，最初就出自桑科植物波罗蜜的心材）。花朵也可作为制造出多种颜色的染料原材料。仅是用于制作黄色和金色染料的花卉就有蓬子菜、金雀花、藏红花（只使用花朵的柱头）、红花、万寿菊和木樨草等多个种。在发现美洲大陆后，人们又从阿兹特克人那里获知了更多的红色染料来源，包括一品红的苞片和大丽花的花瓣等。美洲西南地区的原住民部落尤其擅长染色，根据记载，他们将 103 种维管植物、2 种真菌和 3 种地衣当作染料使用。纳瓦霍人使用的染料品种最为丰富，他们的天然染色编织毯至今仍闻名遐迩。

今天，人们的兴趣回归到更加天然的染料，它们凭借更加柔和、微妙的颜色，以及不含合成化学品的特点而受到推崇。不过，天然染料并非没有副作用，对染色工而言更是如此。

E

Edible flowers

可食用花

人们可食用的花分为两类。第一类是我们或许不把它们当成花朵的花，比如花椰菜。如果你没有马上食用，而是让花椰菜继续生长，那么其头部的绿色花蕾就会绽放，开出黄色的四瓣花。我们作为调味品或装饰配菜食用的水瓜柳也是如此，它们实际上是山柑（学名 *Capparis spinosa*）的花蕾。经过腌制的花蕾常用于嫩煎鸡排等意大利菜的调味，或作为三文鱼的小配菜。它们也是鞑靼酱的主要味道来源。还有一种是黄花菜（即萱草，学名 *Hemerocallis fulva*）的花蕾。在黄油或其他食用油里加入大蒜，和黄花菜一起嫩煎，就是一道佳肴。黄花菜也经常被用来做炒菜，这种做法在中餐里尤为常见。

我们享用菜蓟（学名 *Cynara scolymus*）时，吃掉的其实是它的花苞，也就是这种菊科植物的花头部分："菜叶"实际上是围绕花头的苞片，"菜心"则是连接花部的花托。我们将花心当中类似茸毛的部分摘掉不吃，如果把它留在植株上，它就会发育成蓟形的花朵。

第二类可食用花则包括"眼见为实"的花：比如一些

用来点缀沙拉或甜点的鲜艳花朵（比如紫罗兰、三色堇、旱金莲、玫瑰花瓣）；较大的花，比如南瓜花或前面提到的黄花菜，完全开放的花朵可以酿入米饭、碎肉、奶酪，做成开胃菜或主菜。南瓜花和黄花菜的花也可以裹糊油炸，口感酥脆。干黄花菜还可以泡发后做汤。

Elaiosomes

油质体

油质体是某些植物种子上附着的肉质附属物。它们富含脂质（油性化合物），有时也含有蛋白质和淀粉。“elaiosome”在希腊语中是表示“油脂体”的词汇。尽管除了从土壤中吸收水分、帮助种子维持水合之外，油质体对种子而言几乎没有直接的功能，但它们在种子散播中起着至关重要的作用。

当种子成熟时，这种富含脂肪的附属物产生的芳香物质能将蚂蚁吸引过来。蚂蚁将种子搬运回筑巢区后，通常会吃掉热量丰富的油质体，然后把种子丢弃。植物的种子借此从母株分散到蚂蚁巢穴周围，这些地方的土

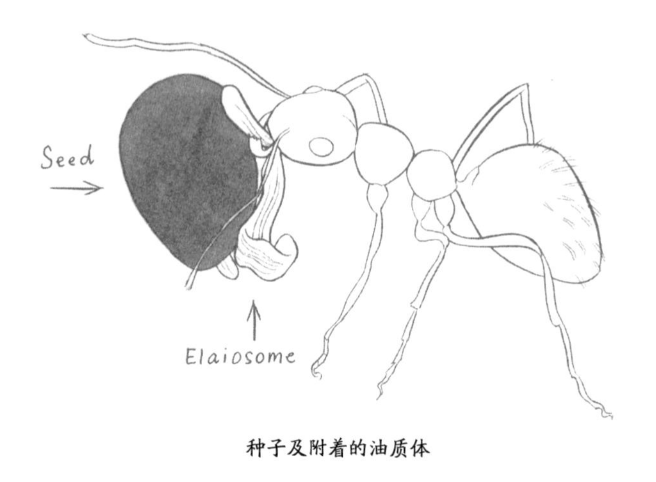

种子及附着的油质体

壤因为蚂蚁挖出的小土堆而变得肥沃。通过引诱蚂蚁搬运种子，植物确保了其种子有机会在其他地方生根发芽，而不必与母株争夺资源。远处的生长条件也有可能更适合该植物的后代；如果原生长地因自然原因或人为事件遭到破坏，这些地方还能成为新生幼苗的安全避难所。[1]

这种散播机制在温带地区尤为重要：温带的早春开花植物需要一种途径将种子传播到可能适宜植物生长的不同地点。对从早春就开始活跃的蚂蚁来说，这一机制也很有

1　蚂蚁散播种子（蚁播，myrmecochory）是自然界中的普遍现象，大约有1万多种植物靠蚂蚁散播种子。植物为吸引为其散播种子的蚂蚁，进化出各种适应特征，比如种子上附着油质体。

价值，因为它们需要在其他食物尚不充足的时候找到一种丰富的食物来源。美国东北部植物群中的很多早春短命植物都采取了这一种子散播方式，包括春天产生种子的延龄草属（*Trillium* spp.）植物、血根草、马裤花和白屈菜罂粟（学名 *Stylophorum diphyllum*）；秋天产生和传播种子的二叶鲜黄连（学名 *Jeffersonia diphylla*）也是这种方式。

E

F

Fig flowers (*Ficus* spp.), Moraceae

无花果的花（榕属），桑科

F

无花果的花是花托上的多枚单花（像向日葵中央的管状花和周围的假舌状花都附着在花托上一样），但其花托内凹折叠，花朵封闭在中空的囊壳之内，这种花序从四周向内包围的结构叫作"隐头花序"（syconium）。因此，我们从来也看不到无花果的花。当它们授粉之后，子房开始发育，我们便恰如其分地称它们为无花"果"了。

不过，或许是从香气中得到了线索，无花果的传粉者——体型微小、长有细长产卵器的雌性榕小蜂还是设法找到了花朵，并通过唯一的狭窄入口——花托顶部的小孔钻进无花果的隐头花序内部。为了解释传粉的复杂性，我将以居住在温带的大部分读者都熟悉的物种——原产于地中海地区的无花果为例来描述这一过程。在繁殖季节之初，无花果内部会生出很多中性花，靠近小孔的位置则生出一些雄花。雌蜂钻进来后，在每朵中性花里各产下一枚卵。当卵开始孵化，中性花就开始膨胀，变成瘿花。然后，雌蜂就在无花果内部死去。雄蜂幼虫先孵化，然后寻找含有雌蜂的瘿花子房，钻进去与雌蜂交配。任务完成

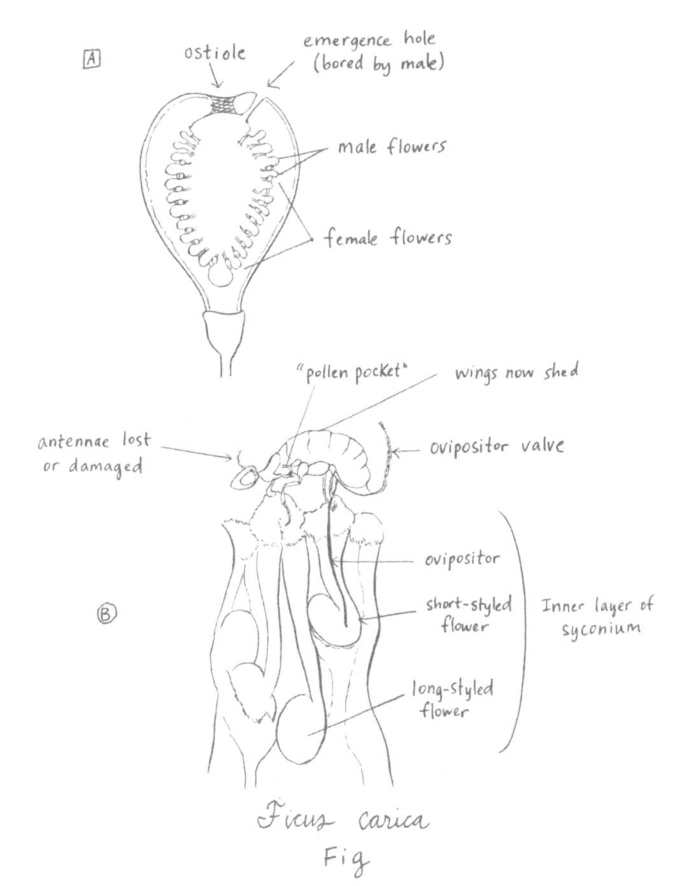

图 A：一个典型的无花果隐头花序（无花果果实），包含靠近上部的雄花和底部的雌花。各部位自左至右、自上而下依次为小孔、（雄蜂钻开的）羽化孔、雄花、雌花。

图 B：正在产卵的雌蜂用前足将花粉放在柱头上。由于长度所限，其产卵器仅能深入较短的花柱。各部位自左至右、自上而下依次为掉落或受损的触角、“花粉篮”、已蜕翅、产卵瓣、产卵器、较短的花柱、长花柱。图中产卵器、较短的花柱、长花柱位于隐头花序内部。

后，雄蜂死亡，终其一生没有离开过无花果的花序。雌蜂继续孵化，然后通过小孔离开。途中，它们会经过雄花，于是带走了雄花的花粉。

之后再长出的隐头花序含有中性花和雌花（或仅有雌花），携带着花粉的雌蜂离开此前居住的花朵，钻入这些隐头花序，并试图在其中产卵。由于雌花的花柱比榕小蜂的产卵器长，所以它只能在花柱更短并打开的中性花里产卵。因此，只生长雌花的花托中不会产生榕小蜂。更神奇的是，即便已经产过卵，雌蜂仍会故意将后足“花粉篮”中的花粉放置在可育雌花的柱头上，从而确保授粉。

在这个经典又奇异的协同进化例子中，无花果和特定的榕小蜂之间存在专性的互利共生关系。无花果完全依赖榕小蜂进行授粉（有时候，每个无花果品种都有其特定的伙伴），榕小蜂也完全依赖无花果，将其作为幼虫的寄主植物。

令我惊讶的是，研究者们不仅破解了无花果与榕小蜂之间最复杂的互利共生关系之谜，而且还确定了这种关系在热带地区不同物种之间存在的变体数量。无花果是热带生态系统中的关键种之一——800 多种无花果为鸟类、蝙蝠和灵长类动物提供食物，这些动物吃掉“果实”并散播无花果的种子。因此，理解无花果种群健康、永续发展所需的条件，从而建立一个健康的生态系统是极其重要的。

气候变化或将导致无花果－榕小蜂的互利共生关系陷入危机。热带传粉无花果的榕小蜂的寿命只有短短1~2天。研究证实，当温度升高7~13摄氏度，这种榕小蜂本已极其短暂的寿命会急剧减少到仅剩几个小时，于是留给它完成传粉的时间窗口就更短了。

Floral idioms

花卉习语

在日常对话中，使用花卉做比喻来传达观点的习语，其喻义通常不言自明。常见的例子有“给百合花镀金”（gilding the lily，“画蛇添足”），形容试图修饰本身已经很美的事物不只是过度，甚或有些愚蠢；“像雏菊一样清新”（fresh as a daisy），意思是人看起来很有精神，或得到充分的休息之后感觉精力充沛；“把雏菊推高”（pushing up daisies），指的是人已经死去并被埋葬（亦即“在雏菊之下”，坟上长出雏菊，是指埋在地下的人将花“推”出了地面）；“花谢结子”（gone to seed，“衰退”或“退化”之意）形容人或事物不再处于其最佳状态；“一床玫瑰”（a bed of roses），比喻生活轻松顺遂；“玫瑰花开过已凋落”（the bloom is off the rose，“明日黄花”）则表示一样事物不再令人兴奋，新鲜感不复从前；“壁花”（wallflower）形容在社交场合宁愿“融入”墙壁也不愿被人注意到、羞于和他人互动的人；“掐断花蕾”（nip it in the bud，“扼杀在萌芽状态”）是教人防患于未然，在情况恶化之前尽早处理；“停步细嗅玫瑰香”（stop and smell the roses）是希望人们学会忙里偷闲，在繁忙的日程中抽出时间享受生活里的小乐趣；“玫瑰皆有刺”（every rose has its thorn，“人无完人”）指的是看上去完美的人身上也能找到缺点；“晚开的花”（a late bloomer，“大器晚成”）形容直到年纪较长才挖掘出天赋或发挥出潜力的人；还有“收缩的紫罗兰”（shrinking violet），形容害羞、不想引起注意的人。涉及花卉的习语还有很多，在英语和其他语言中都很常见。

Frost flowers [occur on frostweed (*Crocanthemum canadense*)], Cistaceae

霜花（见于霜草，即加拿大半日花），半日花科

“霜花”不是花，而是一种由天气引起、在俗名“霜草”的小型温带植物上发生的现象，是霜草在气温低于冰点的日子里从茎中排出的汁液。冬季如果日间晴朗、寒冷、无风，露点低于冰点，且夜间严寒，那么在这种适宜的条件下，你就能找到这种“花”。通常而言，要找到霜花，必须赶在第一缕阳光照射在植物上、气温升高超过冰点之前就出门。即便在寒冷的冬日，一旦阳光照射在植物上，也会导致“花朵”融化。

开黄花的小霜草生长在砂质土壤中，初夏开花时平平无奇，但在冬天会呈现出一种引人注目的奇特现象，非常值得我们一探究竟。在寒冷而干燥的夜晚，霜草茎中的过冷汁液膨胀，在茎上撑开裂缝。当过冷的汁液从裂缝中渗出，遇到初始霜晶时，就会形成薄薄的片状冰带。随着冰带的底部不断形成新的冰，带子不断延长，有时还会卷曲起来，便形成了我们称为“霜花”的花朵状结构。即使没有形成花朵状，其他形状的冰带也相当壮观。

其他植物也可以通过相同的方式开出霜花，包括唇形科的野生岩薄荷（学名 *Cunila origanoides*），以及菊科的弗州马鞭菊（学名 *Verbesina virginica*）等。

F

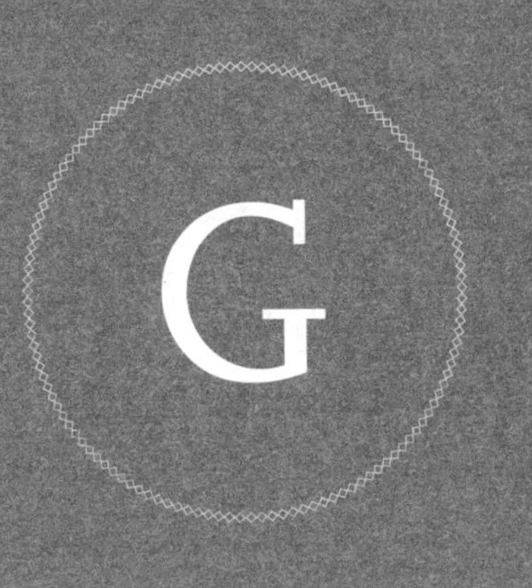
G

Gallé, Émile (1846–1904)

埃米尔·加莱

埃米尔·加莱是法国玻璃器艺术家，以其制作的精妙绝伦的玻璃器而闻名，其设计多以自然——特别是植物为主题。他坚信，玻璃制品不仅应具有功能性，而且应具备装饰性。加莱对植物的热爱始于童年时家中的花园，彼时加莱一家居住在阿尔萨斯－洛林地区。他的父亲是一位成功的实用玻璃和陶瓷制造商，加莱最终子承父业接过这项生意，并以此作为收入来源。这也使他能自由地发展自己的工作室，通过玻璃、陶瓷以及后来的细木家具来展现他对自然富有艺术性和创新性的诠释。

加莱像科学家一样研究植物，也像艺术家一样观察植物，并以印象派和象征主义的方式来表现它们。他被视为“新艺术运动”的代表人物。新艺术运动所倡导的艺术风格在19世纪90年代至20世纪初主导了艺术界，这一时期也正是加莱职业生涯的巅峰。加莱是一个充满爱国精神的人。普法战争之后，德国吞并阿尔萨斯－洛林，他开始将代表本地区村镇的花卉（比如南锡的蓟花、埃皮纳勒的野生白玫瑰等）和具有象征意义的洛林十字架融入设计之中，将其作为维系该地区法国传统的一种方式。他的作品多以兰花、木兰、树干和松针为特色，也有许多其他植物的图案。他的早期作品多是釉彩玻璃，后来他发明了套色玻璃，这种工艺可将两种或多种颜色的玻璃层融合在一起。不过，他最著名的技术成就当属浮雕玻璃，通过酸蚀或磨削套色玻璃的方法将玻璃里层的颜色展示出来。

加莱在世时已经蜚声国际，在巴黎世博会等国际展览上屡获奖项，也接受委托为皇室和其他政要显贵创作作品。

Gas plant (*Dictamnus dasycarpus*), Rutaceae

瓦斯草（白鲜），芸香科

瓦斯草即白鲜，是一种传统的园林花卉，原产于南欧、北非和亚洲。它的花梗上会开满香气扑鼻的白色花朵或粉紫色花朵。如今，这种植物已经不像从前那样被广泛种植了。现在的花园里不常种植白鲜的原因之一是，它的汁液中含有一种叫作补骨脂素的有毒化合物。这种物质在阳光下会发生反应，可能引发接触性皮炎，使接触者的皮肤上产生灼烧感和红斑，导致皮肤留下长时间难以消除的

Gas plant

瓦斯草（即白鲜）

色素沉着。

白鲜学名中的*Dictamnus*出自克里特岛上的狄克特山。虽然白鲜与柑橘是亲戚，但它看上去与我们印象中常见的柑橘属植物（比如柑橘、柠檬等）几乎毫无相似之处。不过，它生长在地面以上的部分确实会产生一种释放柠檬香味的油性物质，在炎热的日子里气味尤其浓烈。令人惊奇的是，这种物质的挥发性极强，以致白鲜可以点燃。这也是它的两个俗名“瓦斯草”和“火烧丛”（burning bush；注意不要与学名为*Euonymus alatus*的灌木卫矛混淆，这种植物因为秋季叶片变成耀目的鲜红色而得名“火焰卫矛”）的来由。

在白鲜原生地常见的炎热、干燥的天气里，靠近白鲜划一根火柴，就能看到火苗迅速烧过植株上的油性物质。因为速度极快，过火对植物并不会造成伤害。倘或在干热的夜晚试验，景象则更加壮观。人们研究了白鲜所含的化学物质，认为在所发现的27种化合物中，异戊二烯是造成这种现象的原因。

H

Haustorium

（寄生植物的）吸器

吸器是寄生植物的一种组织，形成于寄生植物与寄主植物的接合处，将两种植物连接在一起，以便寄生植物从寄主植物中吸取水分和营养。“Haustorium”一词由拉丁语中的“hauster”（意为“喝水”）与“orium”（意为“用于……的装置”）组合而来。大多数吸器都有附着器，附着器可以使寄生植物附着并固定在寄主植物上，入侵器官则通过压力和催化酶的共同作用穿透寄主植物的组织。当寄生植物的木质部结构（传递水分和养分的维管组织）与寄主植物的木质部导管相遇时，两个疏导系统之间就形成了桥梁[1]。

有些寄生植物只会生出一个这样的附着器官，该器官在寄生植物的整个生命周期中都发挥着作用，这样的附着器称为初生吸器。这类吸器的形成大多始于种子的萌发，这类萌发种子要么由鸟类排泄掉下来，要么从鸟喙中吐出来落在寄主植物的枝干上。也有一些寄生植物可以从根

1 即木质部桥（xylem bridge）。

组织中发展出次生吸器，这种吸器沿着寄主植物的枝条分布，在数个或多个点位穿透寄主植物的组织。还有一些植物，比如菟丝子，仅在其缠绕茎与寄主植物的茎接触的位置直接长出次生吸器。

常见的寄生植物有槲寄生（槲寄生科、桑寄生科和穗寄生科三科寄生植物的统称）。我们在温带地区最常见到的就是花朵很小、结白色果实的槲寄生科植物，比如欧洲的白果槲寄生（学名 *Viscum album*）和北美的肉穗寄生属 *Phoradendron* spp.）。站在槲寄生花环或花球下亲吻，已经成了圣诞节的传统。

Heliconia (*Heliconia* spp.), Heliconiaceae

蝎尾蕉（蝎尾蕉属），蝎尾蕉科

蝎尾蕉属是单型科蝎尾蕉科的一个属（意思是该科仅有一属）。蝎尾蕉与香蕉、姜及它们的近缘植物都有亲缘关系。蝎尾蕉的主要原产地为中南美洲的热带地区，只有少数种原产于西太平洋岛屿。蝎尾蕉通常体型较大（但株高从 20 英寸至 15 英尺不等），叶片大，形似芭蕉叶。由于蝎尾蕉花序造型独特、色彩艳丽，许多种都在热带花园栽培种植，人们还为其中一些种起了贴切而有趣的名字。比如，将金嘴蝎尾蕉（学名 *Heliconia rostrata*）被称为“龙虾钳”或“巨嘴鸟之喙”。

在蝎尾蕉最常见的生长地——幽暗的雨林下层林木带，其花序能够立即引起人们的注意。花序最亮眼的部分就是沿着花序轴直立或悬垂的苞片。这些颜色鲜艳的坚固苞片之内是坚韧的三瓣花，花瓣底部合抱成管状。蜂鸟是与蝎尾蕉协同进化的传粉者，不同种类的蜂鸟，其喙部也各不相同，完美地适应特定品种的蝎尾蕉花朵。

蜂鸟取食花蜜，不仅满

Heliconia rostrata
Lobster claw a.k.a. Toucan beak

龙虾钳（也称巨嘴鸟之喙，即金嘴蝎尾蕉）

足其自身能量需求，也在这个过程中为花朵授粉。除了典型的花粉交换，蜂鸟还能发挥其他功能：它们为以花蜜和花粉为食的微型花螨提供“专车运送服务”，不然这些花螨终生都只能生活在几种蝎尾蕉的苞片中（其他依赖蜂鸟授粉的花朵也存在相同的机制，比如杜鹃花科的一些热带种）。当花蜜分泌量随着花朵的成熟、衰败而减少，或者花螨需要更大的空间好为后代减少竞争对手（将要产卵的雌性花螨比雄螨疏散得更频繁）时，花螨便可能选择离开当下栖居的花朵。花螨在选择寄主植物时多有挑剔，只会选择某一种或少数几种蝎尾蕉；不过，它们会跳到各种蜂鸟身上，“搭便车”般去造访这些植物——更准确地说，它们不是骑在蜂鸟身上，而是钻进蜂鸟的鼻孔里“旅行”。如果蜂鸟去采食其他种的蝎尾蕉花朵，花螨就会待在原处，直到“司机”抵达它心仪的寄主植物为止。因此，一只蜂鸟可能同时“搭载”着数种花螨，每种花螨在遇到其寄主植物时“下车”。花螨或许是将花蜜的芳香气味作为线索来判断是否到达正确“车站”的。

如果花螨寄居的蝎尾蕉是全年开花的品种，那它会更倾向于一直停留在这株植物上。然而，倘若它偏爱的寄主植物只在一年中的部分时间开花，那么它就必须在寄宿的寄主植物停止开花之前将自己转移到下一株植物上。

Hemiepiphyte

半附生植物

半附生植物是在一定生命周期内生长于其他植物之上而不与地面接触，在其他生命周期内又与地面相连接的植物。半附生植物不同于真附生植物，后者自始至终都不接触地面。（附生植物“epiphyte”由源自希腊语的“epi”，以及从“phutón”变化而来的“phyte”组成，前者意为“在……之上”，后者表示“植物”，因此附生植物的原意即生长在另一种植物上的植物。）真附生植物包括多种凤梨科植物、热带兰花等，风传种子或鸟类排泄的种子落在树干或树枝上的那一刻，它们的生命周期就开始了。附生植物从雨水与树上积聚在它们周围或落在它们身上的残渣废物中获取水分和养分。除非数量庞大到树枝无法承受它们的总重量，不然它们通常不会对寄主植物造成伤害。

半附生植物的生命虽然也始于落在树梢上并萌芽的种子，但有一种半附生植物最终会长出触达地面的气生根，并从土壤中吸取养分。以这种方式生长的植物被称为原生半附生植物（以附生植物的形式开始其生命周期）。原生半附生植物的植株可能会长得极大，完全将寄主植物缠裹起来，导致后者死亡并逐渐腐烂；而它自己则俨然成了一株独立生长的植物。这种植物的例子之一就是绞杀榕（榕属）。

在另一种半附生植物，即次生半附生植物的生长方式中，种子在地面上萌发，并朝着黑乎乎的树干状物所在方向生长，然后开始像藤蔓一样攀上树干。一旦达到可以获得充足光照的高度，它就会断绝与地面的连接，变成附生植物。许多天南星科的热带种都以这种方式生长。在某些例子中（比如本书其他部分述及的蜜囊花属植物），一旦植株达到较高的光照水平，其叶片的大小和形状就会发生显著变化。一些人认为，术语“次生半附生植物”应当被“迁移藤本植物”取代，因为一旦次生半附生植物失去了与地面的接触，观察者就很难判断出它到底是不是从地面开始生长的。

Herbarium (plural: herbaria)

植物标本（植物标本集）

植物标本是保存的植物标本及其相关数据的集合，所包含的信息有采集人的姓名、采集日期和地点，对植物标本上可能难以观察到的情况的描述、植物习性（如乔木、灌木、草本植物等）、生长地，以及观测到的任何动植物关系等。植物标本集供植物学家与生态学家研究和参考。一个新物种的名称所依据的标本被称为模式（标本），它也是确定其他标本是否属于该物种的基础。植物标本集通常按照其所属机构认可的分类系统来进行分类组织。被鉴定为同一物种的植物存放在一个标本夹中，再归入更大的属分类夹中。也有一些植物标本馆是按照科的首字母顺序排列的。

大部分植物标本集由干燥和压制的植物或植物部分组成，这些植物或植物部分已经放在尺寸标准、厚重、无酸的植物标本用纸上，纸张附有记录采集数据的标签。不可压制的植物部分（如木质果实）则与采集数据一起单独归档，放进盒子里。在放入架式金属柜中保存之前，植物通常要经过冷冻，以便杀死植物上可能存在的昆虫。一些容

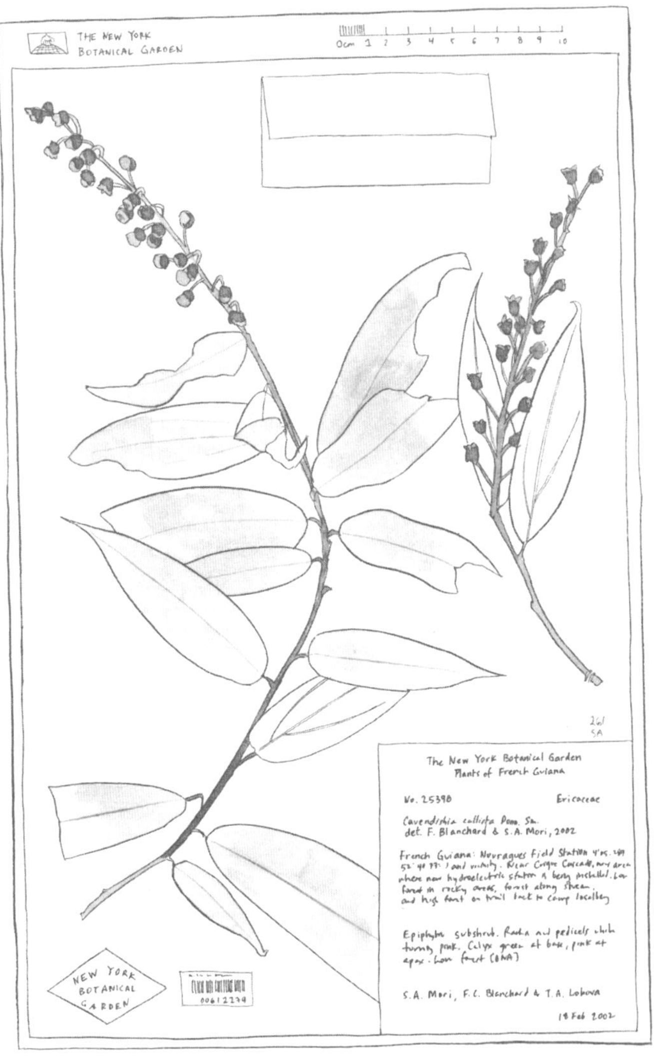
THE NEW YORK
BOTANICAL GARDEN
0cm 1 2 3 4 5 6 7 8 9 10
261
SA
The New York Botanical Garden
Plants of French Guiana
No. 25398
Ericaceae
Cavendishia callista Donn. Sm.
det. F. Blanchard & S.A. Mori, 2002
S.A. Mori, F.C. Blanchard & T.A. Lobova
18 Feb 2002
NEW YORK
BOTANICAL
GARDEN
00612279

植物标本实例

易破损的精细材料，比如额外的花朵，可以干燥并储存在固定于标本板上的小信封中，也可以泡在乙醇－福尔马林－醋酸固定液（一种甲醛溶液）中。苔藓和地衣通常经过干燥处理后存放在纸质信封中。植物学家在描述一个植物种时，或画家为该物种绘图时，都会研究这些材料。专业的植物标本馆可能包括真菌（称为真菌库）或木材标本（称为木本库）。今天，许多标本已经数字化，方便研究人员远程观察。

植物标本采集可以追溯到 16 世纪，当时的人们将植物压片装订成册。林奈率先意识到，将标本分别保存在单独的纸张上效果更理想，这样一来，如果它们的分类发生变化，也可以重新排列。

Hydathodes

排水器

排水器是植物表皮上的小开口，能够排出水分，通常出现在叶片边缘的叶脉末端。这些开口不同于叫作“气孔”（stomat，来自希腊语，意为“嘴巴”）的小孔。气孔覆盖在叶片（及植株其他部位）表面，发挥气体交换作用——从空气中吸收二氧化碳，将作为光合作用副产物的氧气释放到空气中，同时排出水蒸气。

有一些植物种的排水器肉眼就可以观察到：它们是位于叶片顶端的凸起或小开口。尽管在其他科的植物上也能看到，但蔷薇科植物草莓（草莓属）的叶子为这种现象提供了最便于观察的例子。从这些特殊开口排出水分的过程称为“吐水作用”（guttation），在清晨的幼叶上表现得最为明显。这些水分不是露水，露水是夜晚气温下降时，植物温度降低，空气中的水分在叶片上凝结而成的水滴。

在草莓叶片的锯齿状边缘尖端形成的小水珠则是根压（root pressure）带来的结果。根压推动木质部的水（植物汁液）向上通过植株，到达叶脉末端并从此处通过排水器排出。当条件适宜时，即土壤中有充足的水分、空气湿度较大且叶片的蒸腾作用较低时，就会发生吐水作用。

当固体物质（比如木质部所携带的矿物质或叶片角质层中的蜡质）聚积并堵塞排水器的水孔时，老叶的排水器可能会停止吐水，如果机械地将这些物质去除，水分就会重新开始流动。植物排水器中富集矿物质的一个有趣案例见于虎耳草科的长寿虎耳草（即锥花虎耳草，学名

Saxifraga paniculata）。这种植物生长在北半球北部地区富含石灰的土壤中。由于虎耳草的根从土壤中吸收的水分中含有溶解的石灰，这些水分通过叶片边缘的排水器排出时会形成白色的沉积物，令叶片看起来仿若被霜花勾勒出了轮廓。

H

Saxifraga paniculata
Livelong saxifrage

长寿虎耳草（即锥花虎耳草）

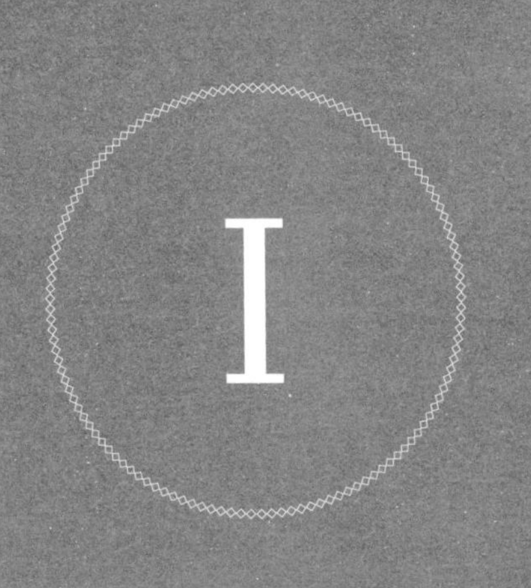

Inflorescence

花　序

花序是花在花序轴上的排列方式。从唇形科植物多见的、花朵沿着花梗生长的穗状花序，到菊科植物看似单朵花、实际由大量花朵组成的头状花序，花序的形状和大小多种多样。头状花序有两种最常见的类型：位于花序中部的管状花（如雏菊中心的黄色部分）和排列在周围、形似花瓣的舌状花（雏菊花朵的白色部分）。

其他常见花序类型还有：总状花序，虽然看起来和穗状花序很像，但总状花序上的每朵花都通过较短的小花梗与花序轴相连，比如羽扇豆的花序；圆锥花序，花长在从花序轴分出来的较短分枝上（实际上是总状花序、复总状花序甚至更小的圆锥花序），比如落新妇的花序；伞房花序，花长在从花序轴不同位置分出的花梗上，正如蓍草的花序所示，这些花梗长短不一，形成顶部齐平的一簇；伞形花序（分为单伞形花序和复伞形花序），花生长在花序轴同一位置分出的长短不一的花梗上，就像野胡萝卜的花序一样，看起来很像一把倒置的伞；柔荑花序，通常是下垂的穗状花序，由单性花组成，每朵花都在鳞状苞片之内，例如桦树和柳树的花序。当然，还有其他更加特殊的花序类型，上述花序类型也存在各种变体。

Jack-in-the-pulpit (*Arisaema triphyllum*), Araceae

讲坛上的杰克（三叶天南星），天南星科

三叶天南星是美国东部一种形如其名的独特春季野花。“讲坛上的杰克”一名源于三叶天南星花序的形状：想象它的花序就像一个牧师（“杰克”）站在半掩的讲坛之中。这种花序类型的变体——更恰当地说，这种佛焰苞（即环绕的讲道台）和肉穗花序（“杰克”）在所有天南星科植物上都能看到，比如北美臭菘（学名 *Symplocarpus foetidus*）和马蹄莲（马蹄莲属）。目前北美只发现了一种天南星，不过天南星属还有很多原产于东亚的种。

三叶天南星是我们常见的春季野花中最知名的种之一。它是一种雌雄异株植物，也就是说，雄花生长在一个植株上，雌花生长在另一个植株上（也有罕见的例外）。不过，植株可能在任意一年中转换性别，这取决于资源的可用程度。如果储存的资源不足以提供产生果实所需的能量，植株就会保持为雄性或变为雄性；接下来的一年内，如果降水、日照和养分储备充足，那么同一植株有可能产生雌性花序和果实。未成熟的植株不产生花序。

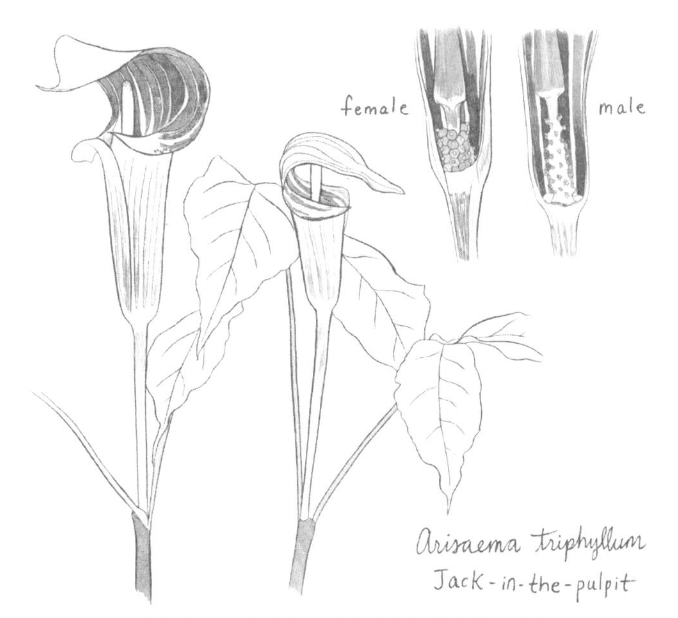

讲坛上的杰克（即三叶天南星）的雌株和雄株

就外观而言，雄株和雌株极为相似。三叶天南星花朵生长在佛焰苞底部伸出的长条穗状花序上，你必须小心翼翼地将佛焰苞展开，才能确认花朵是雄花（白色的单性花，有 4 枚雄蕊）还是雌花（有绿色的圆形子房，每个子房顶部有一个毛茸茸的白色柱头）。不过，在窥视肉穗花序之前，你也能找到辨别花序性别的其他线索。在包围着雄性花序的佛焰苞底部通常有一个小开孔，访花昆虫可以从这里爬出佛焰苞。来采食的昆虫基本上都是体型娇小的蕈蚊类，它们被嗅觉线索欺骗了，自以为找到了可供其食用和产卵的真菌体。一旦意识到找错了对象，蕈蚊就开始疯狂地寻找逃生出口。此时，它们身上已经沾满花粉，逃脱之后可能会飞到雌花的花序上（雌花散发出真菌的气味引诱它们再次进入花序——别忘了，蕈蚊的大脑可并不“大”）。当携带着花粉的蕈蚊爬过柱头时，就实现了异花授粉。然而，雌性花序的佛焰苞没有让蕈蚊离开的“逃生舱口”——植物的使命完成，蕈蚊将被困在花序中死去。

J

Jimsonweed (*Datura stramonium*), Solanaceae

吉姆森草（曼陀罗），茄科

曼陀罗是一种大而粗壮的茄科植物。农民认为它是一种有害的杂草，因为它会侵入耕地和牧场，污染农作物，损坏农业机械。

我认为，曼陀罗之美没有得到应有的欣赏，很大的原因在于它巨大的白色花朵是在黄昏开放的。在这个时间，很少有人能欣赏到它秀美标致的漏斗形状；到了夜晚它散发浓郁芳香之时，更是无人问津。像许多夜间花一样，曼陀罗的花朵也会被体型较大的天蛾采食，它们将长长的喙深入花的底部吸食花蜜，无意间就将花粉带到了其他花朵上。

20 世纪的艺术家乔治亚·欧姬芙（Georgia O'Keeffe）没有忽略曼陀罗的美。她用放大和非写实的手法描画曼陀

吉姆森草（即曼陀罗）

罗旋涡式的花朵，堪称出神入化。

曼陀罗的俗名“吉姆森草”是“詹姆斯敦野草”（Jamestown-weed）的缩写，源自这种植物在詹姆斯敦早期历史上发挥的作用。这个村镇位于弗吉尼亚，彼时还是英国的殖民地。1676 年春，英国士兵被派到此地镇压纳撒尼尔·培根[1]领导的殖民地定居者起义。在制作炖菜时，士兵们将在当地采摘的绿叶菜加入锅中，其中也包括吉姆森草。结果，食用了大量炖菜的士兵们失去知觉长达 11 天之久。他们不知道的是，曼陀罗和很多茄科植物一样有致幻作用，且毒性极高。最终，士兵们康复痊愈，培根起义（Bacon's Rebellion）也不过是昙花一现，但这个故事就这样流传下来了。

1 纳撒尼尔·培根（Nathaniel Bacon，1647—1676），出生于英格兰，1673 年移居英属殖民地弗吉尼亚，后成为弗吉尼亚议会议员。1676 年，培根率领部队打败印第安人后，弗吉尼亚总督宣布其行动非法，培根遂发动了针对总督的叛乱，一度占领詹姆斯敦。

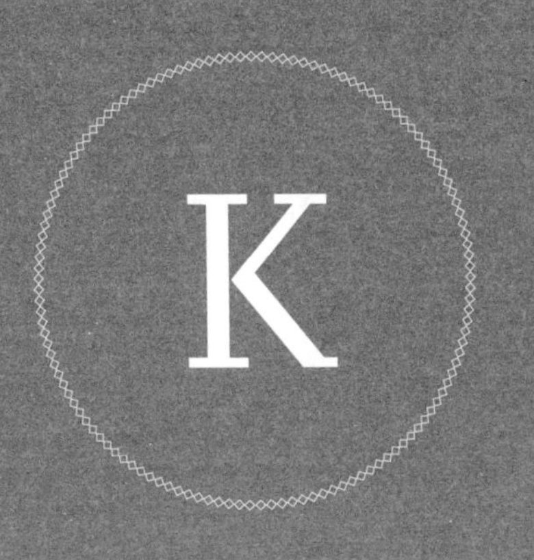
K

Kalm, Peter (1716—1779)

彼得·卡尔姆

作为林奈的学生，彼得·卡尔姆（亦写作 Pehr Kalm）由林奈亲自选定，于 1748 年前往北美进行大规模科学考察。两年半的时间里，他在纽约、新泽西、宾夕法尼亚等地采集了各种植物及其种子和其他植物组织，重点采集了具备潜在经济价值的植物。在卡尔姆采集的植物中，林奈最终将其中的 60 种描述为科学上的新物种。同时，为表彰他为植物科学做出的贡献，林奈以卡尔姆的名字为他在新泽西采集的山月桂属（*Kalmia*）命名。卡尔姆本人也描述了此次旅行中发现的三个新的属：白珠属（*Gaultheria*，如冬青）、杯苞菊属（*Polymnia*，如杯叶菊[1]），以及帚石玫属（*Lechea*，如岩蔷薇）。

卡尔姆的三套北美植物标本集有两套留存了下来：一套收藏在伦敦林奈学会的标本馆（这里保存着林奈采集的原始标本），另一套现存于乌普萨拉大学自然历史博物馆。第三套标本集在 1827 年芬兰埃博（今图尔库）的大火中

1　原文为 leafup，目前无对应中文名，根据英文名新拟。——审校注

散失，卡尔姆的部分手稿很可能也在这次火灾中被毁。所幸，一些原始笔记最终失而复得。

卡尔姆出版了三卷本的游记，书中详细记述了他所见到的动植物，描绘了北美原住民和殖民地定居者（包括本杰明·富兰克林和约翰·巴特拉姆）的生活。他的记述为人们了解18世纪中期的北美生活提供了重要的参考。然而，由于卡尔姆找不到出版商，后续的游记出版只能无疾而终。不过，《卡尔姆游记》（瑞典语版）的出版增添了他笔记中的内容。彼得·卡尔姆被视为最杰出的瑞典探险家之一。

Kiwi (*Actinidia chinensis* var. *deliciosa*), Actinidiaceae

奇异果（美味猕猴桃），猕猴桃科

猕猴桃是一种开花的藤本植物，结出的黄褐色果实被茸毛。乍看上去，这种果子难以下咽，但将其切开露出其多汁的绿色果肉，它便成了甜嫩可口的美味。我们最常吃的猕猴桃（也叫奇异果）原产于中国，不过目前在新西兰广泛种植，世界其他地区也多有种植。

猕猴桃是雌雄异株植物，因此异花授粉对果实的生长发育至关重要。为了结出果实，雄株和雌株的生长位置必须相互靠近，这一点和冬青是一样的。猕猴桃的雄花上雄蕊极多，可以产生大量有活性的花粉；雌花虽然也有雄蕊，但只能产生不具备繁殖能力的花粉。雌花也长有一个分枝很多、有黏性的柱头，能够在至少 4 天的时间里促进花粉萌发。花粉可以借助风力传播，但最有效的还是由昆虫散播。根据记载，熊蜂和新西兰本土的其他蜂类、食蚜蝇和天牛等 150 多种昆虫会到猕猴桃的花朵上采食。商业种植猕猴桃时，果园会使用引进的蜜蜂传粉，本地传粉者只发挥次要作用。在其他猕猴桃种植产区（比如意大利），果农会使用强力风扇将雄花的花粉散播到雌花上。

原产于中国的猕猴桃属植物葛枣猕猴桃（silver vine）含有一种名为猕猴桃碱（actinidine）的生物碱，它会令猫咪兴奋不已 [与猫薄荷（即荆芥，学名 *Nepeta cataria*）相似]，让其产生包括流涎在内的欣快反应。

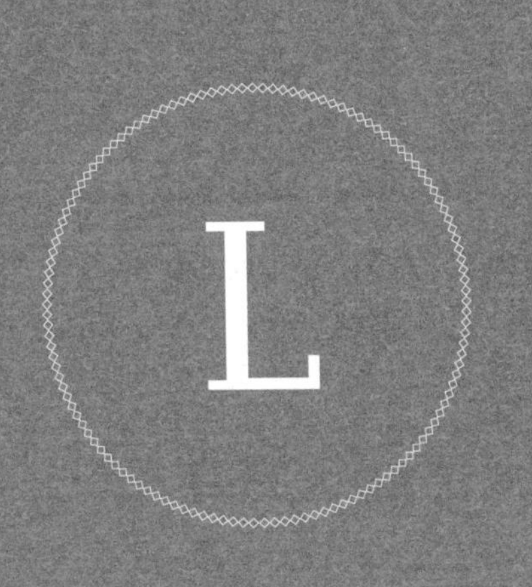
L

Lilies (*Lilium* spp.), Liliaceae

百合（百合属），百合科

百合是典型的单子叶植物，鳞茎球形，叶披针形，叶脉平行，花三基数[1]。因为百合的花瓣和花萼非常相似，因此花朵最显眼的“花瓣”部分，更准确的叫法是“花被片”：3 枚外轮花被片其实是花萼，3 枚内轮花被片才是花瓣。大多数人都认识百合花，因为它们在花园和插花中深受欢迎，复活节期间更是备受青睐。有些百合象征着纯洁，并与圣母玛利亚联系在一起。

复活节百合（即麝香百合，学名 *Lilium longiflorum*）和其他种的百合、萱草等一样对猫有剧毒，养猫的家庭不宜将这些植物带进家中。哪怕猫只是舔了掉落的花粉也可能中毒，甚至发生致命的肾衰竭。不仅如此，从鲜艳的花药上掉落的油性花粉还会使白色的百合花瓣染色，并染脏桌布或地毯。正是出于上述原因，百合花在出售之前，花药会被人为地移除。在我看来，这种做法削弱了花朵的美感。人们至今尚未确定造成这种毒性反应的

1 指的是花各部分的数目为 3 或 3 的倍数。

化合物是什么。

虽然百合会致猫中毒，但在亚洲和北美，人们过去和现在都会食用百合的多种部位（花、花蕾、芽和鳞茎）。不过，一些种对人也有毒性，因此还是谨慎为好。

不幸的是，一种偶然被引入的欧亚大陆昆虫——漂亮的红色百合叶甲虫正严重侵害着美国当地的百合花。成虫在百合叶子上产下成串的卵，幼虫一孵出来就以百合叶子为食，变为成虫后继续取食。这些甲虫不仅影响百合，也伤害了百合美国本土的亲缘植物，比如小巧玲珑的披针叶扭柄花（即北美扭柄花，学名 *Streptopus lanceolatus*）。

Living stones (*Lithops* spp.), Aizoaceae

生石花（生石花属），番杏科

生石花（学名 *Lithops julii*）是一种神秘的植物，生长在非洲南部沙漠。生石花的形态模仿其周围覆盖着鹅卵石的土壤，以假乱真的程度甚至令植食动物也经常对它们汁多肉厚的叶子视而不见。大多数生石花仅有 25 毫米宽，像鹅卵石一样。这种植物颜色各异，有暗灰色、褐色、棕黄色和暗绿色等。为了进一步防御植食动物，这种长有两片对生叶的多肉植物埋在土壤里，只有表皮厚硬的表面（它们的“脸”）暴露在空气和阳光下。属名“Lithops”来自希腊语“lithos”（石头）和“ops”（脸部）。由于“脸部”的枝状花纹样式繁多、色彩丰富，生石花在多肉植物爱好者中很受欢迎。“脸部”的图案是由叶子顶部形状繁复的半透明窗面形成的，它们不仅使生石花的鹅卵石外观更加逼真，也提供了一种便于阳光射入植株地下部分的途径。这些部分储存着叶绿素，可以进行光合作用。

Lithops julii

Living stones

生石花（即寿丽玉）

生石花属植物的生长地很少降水，即使降水，也是季节性的，所以该属植物必须在其位于地下的肉质组织中长期储存水分；或者在有些情况下，依赖露水作为唯一的水分来源。在大约 38 种生石花属植物中，有些种的根扎得很深，可以利用地下水资源。在漫长的干旱期，生石花植株可能会皱缩到土壤中，等待下一次降水时再恢复生长。在理想的条件下，生石花可以存活 50 年之久。

每对球状叶之间的位置就是生石花活跃的中央分生处，新叶从这里发育。每年都会有一对新叶从老叶中生长，撑裂老叶的表面露出来，与老叶形成直角，并在这个过程中吸收水分。当新叶出现时，老叶就从底部开始枯萎。偶尔，也有长出两对新叶、形成双头的情况。经过漫长的时间，分头可能会发展成规模更可观的群生。一旦新叶成熟，生石花就会开出醒目的黄色花或白色花，花瓣呈条状，有些种的花朵还有香气。由于生石花不能自花受精，必须异花授粉，所以人们认为传粉是由多种昆虫完成的，其中最主要的可能是蜜蜂。

由于生石花属植物在自然生长地伪装得天衣无缝，所以可能还有许多新种有待发现。

Lotus (*Nelumbo* spp.), Nelumbonaceae

莲花（莲属），莲科

莲属植物为水生，该属仅有 2 个种，一种产自亚洲，另一种产自北美，都是绝佳的观赏种。亚洲莲 / 莲（学名 *Nelumbo nucifera*）的粉色和白色大花袅娜动人，在世界各地的植物园水生植物区都有种植，因此这个种更为出名。亚洲莲也叫“荷花”（sacred lotus），在许多文化中都被奉为高洁的化身。它的花朵也被描绘成坐佛的“莲花宝座”，象征着人的灵魂从俗世升入清凉之境。

L

除了观赏价值，荷花也有经济用途。它的根状茎（藕）是中餐的常用食材，种子（莲子）可生食也可煮熟后食用，还能磨成粉为炖炒菜品勾芡。幼嫩的荷叶也可以食用，老叶则可用来在烹饪时包裹其他食物。

北美种——美洲莲（学名 *Nelumbo lutea*，又称黄莲花）同样清丽可人，但它的花是黄色的，而非粉色或白色。美洲莲大多生在池塘、沼泽和湿地等静止水域，在其所处的大部分生态环境中并不算常见。美洲莲的花朵和巨大的圆形叶片都在水面以上几英尺的位置。

赏莲时的乐事之一就是观察莲叶表面的水如何结成

美洲莲（即黄莲花）

水珠，像泛着银光的水银珠子一般在叶面上滚动。这种特殊现象是莲叶表面的微结构造成的：莲叶表面有一层蜡质小颗粒（蜡质晶体）。叶片这种超疏水（意思是防水性极强）的特性被称为“莲花效应”。每滴水只有 2%~3% 的表面积与叶子接触，被压在下面的空气为水滴赋予了银光闪闪的外观。

纳米科学领域的科学家们正在研究这一现象，并以该特性为基础，开发激光诱导硅表面微结构，以期应用于自清洁织物、提高船只在水中滑行效率的船身涂料，以及飞机防冰涂层。

Marcgraviaceae (shingle plant family)

蜜囊花科（覆瓦植物）

蜜囊花科是一个小型的藤本植物科，多为攀缘灌木（通常为半附生），偶尔也有小乔木。其中，小乔木种为美洲大陆特有，分布于墨西哥南部以南的南美大部分地区，以及安的列斯群岛。蜜囊花科分为两个亚科，一个是蜜囊花亚科（Marcgravioideae），该亚科仅有一属，即蜜囊花属（*Marcgravia*），它也是蜜囊花科最大的属；另一个是蜜瓶花亚科（Noranteoideae），包括蜜瓶花属（*Norantea*）在内共 6 个属。蜜囊花科植物的顶生花序令人叹为观止：每个花序都能从花朵之外的部分提供花蜜，引诱传粉者。蜜囊花属植物的花序为假伞形花序，就像马车车轮的辐条一样，中心为不育花，水罐状的苞片合生在败育的花梗上，并充当花外蜜腺。这些蜜腺中分泌的甜味液体吸引了不同的传粉者，传粉者的种类主要取决于蜜囊花的种。有些种的蜜囊花苞片颜色艳丽，可吸引鸟类传粉；更常见的种苞片呈暗绿色至棕褐色，可育花在夜间开放，这些种由蝙蝠传粉。人们也曾观察到负鼠采食蜜囊花的花蜜。但无论是何种情况，来采食的动物头部都会沾上蜜腺上方可育花的

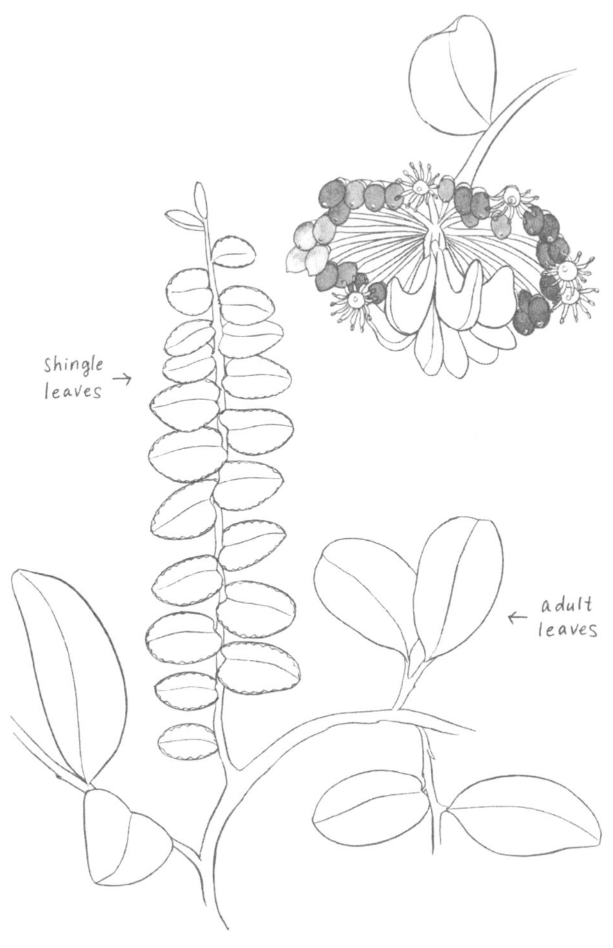

蜜囊花亚科植物 *Marcgravia sintenisii* 的覆瓦状叶片和成长叶

M

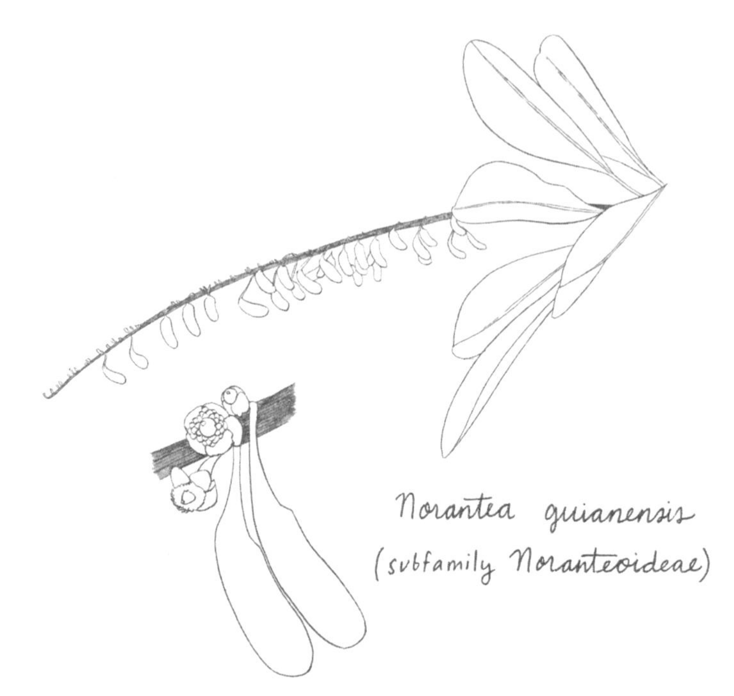

蜜瓶花亚科植物 *Norantea guianensis*

花粉。

除了垂囊花属（*Marcgraviastrum*）的花序与蜜囊花科较为相似以外，蜜瓶花亚科其余属的植物都长有穗状花序，花梗上都附有某种类型的花外蜜腺。有些种的花朵很小，很可能是由来采蜜的昆虫（包括蝴蝶）实现授粉的；至于花朵更健壮且颜色更鲜艳的垂囊花，人们则观察到蜂鸟和其他鸟类采食这些花朵。

蜜囊花科的俗名“覆瓦植物”得自蜜囊花属植物的叶子。未成熟的蜜囊花叶片很小，底部长有心形的凸起，依附在支撑的树干上，有时形似层层相叠的瓦片。蜜囊花的叶子为二型叶（即有 2 种形式），随着植株的成熟，开花枝（已从树干上分叉）上的成长叶具有叶柄，叶片更大，也更接近线形。蜜囊花属（及蜜囊花科）的学名是为了纪念 17 世纪早期的德国博物学家、地图学者和天文学家格奥尔格·马克格拉夫（Georg Markgraf），他也是巴西首部自然志的作者之一。

Mayapple (*Podophyllum peltatum*), Berberidaceae

五月果（北美桃儿七），小檗科

五月果是美国东北部一种常见的春季野花，长有大片的伞状叶子，是北美桃儿七属唯一原产于北美的种。五月果的“果”直到夏末才会成熟，五月能见到的只有它的花。和二叶鲜黄连一样，五月果也是小檗科的草本植物。

它的叶子像卷起来的雨伞一样从地上冒出来，展开成宽大而边缘锯齿状的裂片，宽度可达 1 英尺。只有生有 2 枚叶片的成熟植株才具有繁殖能力，在叶腋部长出单生花。花大而纯白，但常被叶子遮住。五月果鲜有昆虫到访，因此它们结出的果实数量很少。大个的椭圆形绿色子房在夏天慢慢成熟，变得柔软，并显现出黄色。成熟果实的重量会使植株坠倒在地，然后箱龟就会吃掉它们的果实及种子。实验证明，通过箱龟消化道的种子，其萌发概率是留在地面上种子的 2 倍。

和很多有毒植物一样，五月果也常作药用。美洲原住民用它来治疗肠道寄生虫病或作为催吐剂食用（由于它的毒性高，也被当成自杀手段）。桃儿七属的亚洲种（用作药材时称为鬼臼）已在现代医学中使用，是一种重要化合物（鬼臼毒素）的来源。鬼臼毒素的半合成衍生物依托泊苷和替尼泊苷已经成功地用于多种癌症的治疗。主要的药用种是原产于喜马拉雅山脉的桃儿七（*Sinopodophyllum hexandrum*，异名 *Podophyllum emodi*，西藏鬼臼）。相关药物颇具疗效，导致野外的桃儿七遭到过度采挖（要从根状茎中获取所需的化合物，就必须整株采集）。有鉴于此，人们正在研究将包括北美桃儿七及桃儿七属其他种在内的植物作为鬼臼毒素的潜在来源。五月果已被证明含有鬼臼毒素，虽然含量大约仅有西藏鬼臼的一半，但是在植株的所有部位均有发现，而不仅仅存在于根状茎中。因此，或许可以采用可持续的方式来种植五月果，在生长季节即将结束时（在它们有充足的时间进行光合作用，并在根状茎储存碳水化合物之后）采摘其叶片，将根状茎留在土壤里继续生长，从而在接下来的几年里持续收获。

Mee, Margaret (1909—1988)

玛格丽特·米

玛格丽特是生于英国的艺术家，1952年移居巴西。她一来到巴西，就被居住地大西洋海岸丛林的壮美和丰富震撼了。她在巴西结识了许多植物学家和艺术家，继而开始专注于为她在这里看到的众多美丽物种绘制“肖像”。在巴西工作的植物学家们充分认可玛格丽特的才华，她也受聘为一部关于巴西凤梨的书籍绘画。为了纪念她，三个凤梨科的新物种以她的名字命名。

来到巴西后不久，玛格丽特就被亚马孙迷住了，充满多样性的雨林植物宝藏令她心驰神往。1956 年，她首次前往亚马孙旅行。她以此次丛林之旅为基础的作品展获得广泛的赞誉，她也由此开启了自己作为亚马孙花卉画家的创作生涯。

虽然玛格丽特看上去弱不禁风，但其实她富有冒险精神，为了探索和描绘她所热爱的花朵不辞劳苦。她曾先后 15 次前往亚马孙，最后一次是 1988 年。那次旅行的目标明确：画一种夜间开花的仙人掌科附生植物——“月光花”（即维氏蛇鞭柱，学名 *Selenicereus wittii*）。虽然玛格丽特此前也曾见过这种不同寻常的植物并为它作画，但都是在白天，也就是花朵已经枯萎之后。她和几个朋友计划从马瑙斯出发，行船 10 个小时，去内格罗河（Rio Negro）[1]沿岸待几个星期。几天之后，玛格丽特就发现了一株即将开放的月光花。第二天下午，她再次来到月光花所在位置，静待花朵在当晚绽放。随着夜幕降临，她注意到一片花瓣开始动了，一个小时之内，花朵完全盛开，散发出甜美的香气。是夜，又有 3 朵花开放。玛格丽特爬上船顶，坐在椅子上，画下了这株植物，当然，其中就包括了它短暂盛

1 意为“黑河”，亚马孙河北岸最大的支流。

M

放的花朵。她一直待到天光渐明、花朵开始闭合才离开；白天再度返回，勾画环境背景。此时，玛格丽特的创作已不再囿于仅画植物本身，而是将这些主题花卉置于雨林栖息地来描绘，这种变化为她的作品吸引了更多欣赏者。返回里约热内卢后，她终于完成了这幅杰出的作品，画面上就是那株开放了 4 朵花的月光花。我有幸参观了她在内格罗河畔暂居的小屋，也亲眼看到了月光花在夜间开放。

1988 年，玛格丽特的亚马孙主题画作在英国展出，她的亚马孙日记也在同年结集出版，她的才华得到了更广泛的认可。曾有人提议将邱园作为其作品的存放地，最终得以实现。此外，玛格丽特·米亚马孙信托基金会也成立了，旨在为巴西年轻艺术家提供奖学金，供他们继续深造，学习地点通常也设在邱园。在巴西遍历了冒险的生活，克服种种艰难，经受疾病的考验后，玛格丽特终于登上了职业生涯的顶峰，却在英国遭遇车祸，不幸离世。

为了纪念她，她在巴西的众多好友和仰慕者成立了玛格丽特·米基金会。该基金会通过鼓励年轻人继续亚马孙雨林的保护事业、教育公众了解亚马孙植物之美来延续她的遗志。

Merian, Maria Sibylla (1647–1717)

玛利亚 · 西比拉 · 梅里安

梅里安是出生于德国的科学画画家，是一位富有冒险精神的女性，她在她所处的时代显得非比寻常。梅里安是著名插画家和雕刻师的女儿，后来又成为静物画家雅各布 · 马雷尔（Jacob Marrel）的继女。梅里安一生都沉浸在艺术的世界中，从小时候开始，她就不仅对艺术感兴趣，而且对自然特别是植物和昆虫也兴趣盎然。随着艺术天赋的发展，梅里安先是绘制花卉水彩画，之后又用它们来制版，并在 17 世纪 70 年代出版了三卷本的版画作品《花卉之书》（*Blumenbuch*）。她对植物与昆虫的关系越发着迷，于是又出版了两册画作，这些作品描绘了欧洲蝴蝶的变态过程。

彼时，梅里安与画家约翰 · 安德烈亚斯 · 格拉夫的婚姻已经结束，她带着两个女儿出走荷兰。她在那里第一次见到了从荷兰海外殖民地收集而来的热带蝴蝶和其他自然物，其中也包括从苏里南取得的收藏。梅里安陶醉在它们的美丽和丰富之中，在搬到阿姆斯特丹并结识名流权贵之后，她终于得到了前往苏里南考察的资金。

1699年，52岁的梅里安在当时的人眼中已属高龄。她踏上了为期2个月的曲折航程，前往遥远的热带目的地，身旁只带着小女儿多萝西娅。在苏里南度过的两年半里，梅里安观察并绘制了昆虫幼虫及其寄主植物；她还饲养毛毛虫，以便记录下蛹和成虫的形态。其间，她的女儿一直在帮助她进行这些工作。她们的成果既美观又具备科学准确性，首次描绘了许多当时尚未明确种类的昆虫。她将这些画作制版，版画作品首先以荷兰语和拉丁语出版，后来又出版了法语版，名为《苏里南昆虫变态图谱》（*Metamorphosis Insectorum Surinamensium*）。这本书广受欢迎，销量可观。林奈在撰写他的巨著《自然系统》（*Systema Naturae*）时也参考了该书，这也证明了它在科学上的准确性。林奈在其著作中尽数描述并命名了他当时所知的4400种动物，其中一些描述完全依据梅里安的作品。

Mountain laurel (*Kalmia latifolia*), Ericaceae

山月桂，杜鹃花科

山月桂是一种杜鹃花科灌木，由彼得·卡尔姆于

1748年在新泽西发现。为了纪念卡尔姆，林奈以他的名字将这种植物命名为“Kalmia”。山月桂是常绿灌木，枝干多节，表面起皮，叶子油亮，呈深绿色。5月下旬至6月上旬是山月桂的最佳观赏期，此时大量粉色的花蕾绽放，开出形状奇特的白色近淡粉色花朵。花冠壮硕，呈碗状，

Kalmia latifolia
Mountain laurel
山月桂

有5个呈三角形的裂片。山月桂的花朵所产生的花蜜量少，昆虫不常来采食。但其开花时间长达3个星期，因此与大多数在短时间内频繁有昆虫采食的花卉相比，山月桂为传粉者提供了更长的采食窗口期。短时间内频繁有昆虫采食的花朵通常几天之内就会枯萎，因为它们的繁殖使命已经完成。

山月桂处在花蕾期时，10枚雄蕊都会拉长，花药塞在靠近花冠中央的小袋子里。这让拉成弧形的雄蕊绷紧，花朵开放时雄蕊也保持在这个位置。当采蜜的昆虫造访时，雄蕊的拉力被迅速释放，花药从袋子里向上弹出，将花粉弹向空中1英尺高的位置。其中一些花粉落在昆虫身上，还有一些落在同一朵花或相邻花朵的柱头上。如果生长在鲜有蜜蜂来采蜜的环境中，山月桂还可以自花受精。

山月桂是非常受欢迎的园林植物，目前已培育出多种栽培品种，花朵的颜色和形状也丰富多样。这种植物在半阴的环境中长势良好。由于它有毒性，据说连小鹿觅食的时候都会对它敬而远之。不过，我在天然林地的一些山月桂植株上曾观察到明显的摘食线[1]。

1　摘食线，指植株被动物啃食后的枝叶的位置不同于正常生长时的位置。

由于山月桂的茎干狭窄，除了美洲原住民早期曾用它来制作勺子之外，这种细细的木头并没有太多用处，这种植物也因此有了另一个俗名：匙木（spoonwood）。

M

Napoleon and violets: A love story

拿破仑与堇菜：一个爱情故事

芳香的堇菜在历史上曾经扮演过举足轻重的角色。尽管北美的堇菜大多没有香味，但原产于欧亚的香堇菜（学名 *Viola odorata*）则以其独特的清甜香味而著称。它也是拿破仑·波拿巴第一任妻子、皇后约瑟芬最钟爱的花。每年，在他们的结婚纪念日，约瑟芬都会收到拿破仑送给她的一束香堇菜。然而，由于两人在 13 年的婚姻中没有任何子嗣，拿破仑最终与约瑟芬离了婚，随后迎娶了更年轻的玛丽·路易斯，后者很快为他诞下了延续拿破仑王朝的继承人。

1814 年，拿破仑被流放到厄尔巴岛，他发誓要在春天重返巴黎——那是香堇菜盛放的季节。他的追随者将香堇菜作为效忠这位统治者的标志。1815 年 3 月，拿破仑逃出厄尔巴岛，挺进巴黎，迎接他的女性纷纷身着紫色长裙、手持香堇菜花束。当时，拿破仑来到约瑟芬最后的安息之地（拿破仑被流放后不久，她就去世了），从她的墓旁采摘了香堇菜。

仅仅百日之后，拿破仑在滑铁卢惨败，再次被放

N

逐。这一次，他被流放至遥远的圣赫勒拿岛。在当时的法国，展示拿破仑像甚至香堇菜（或拿破仑王朝的另一个标志——蜜蜂）都会被视作煽动叛乱的行为。

拿破仑于 1821 年去世时，其身份仍是被英国人流放圣赫勒拿岛的俘虏。他说的最后一句话是“约瑟芬”，这是他一生挚爱的名字。人们在他随身携带的盒式项链坠里，发现了压平的香堇菜和约瑟芬的一绺头发。

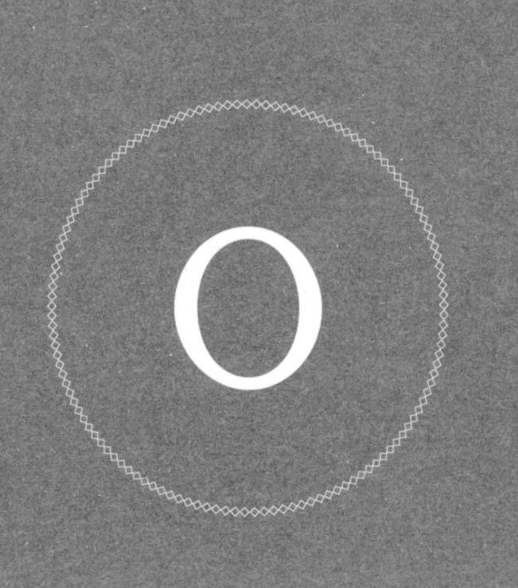

O’Keeffe, Georgia (1887—1986)

乔治亚·欧姬芙

欧姬芙是美国艺术家，其作品以巨大的花卉画而著称。虽然欧姬芙的艺术生涯始于创作水彩风景画，但她很快就将自小喜爱的花卉当成创作主题。她 30 多岁与著名摄影师、艺术经纪人阿尔弗雷德·斯蒂格里茨（Alfred Stieglitz）结婚时，已经形成了花朵绘画的标志性风格——通过油画来展现她希望让人们看到的花朵，以及花朵放大后展露无遗的美。生平第一次通过放大的视角观察花朵的所有细微之处，对人们来说是一种大开眼界的体验。欧姬芙看到了这种美，也渴望通过描绘放大的花朵与观众分享这种美。她的著名作品大多是对常见花卉和异域花卉非写实的、感官化的描绘，其中她最广受认可的画作还是为马蹄莲（学名 *Zantedeschia aethiopica*）、三叶天南星和曼陀罗等花卉绘制的“肖像”。欧姬芙多次描绘这些花卉，以一种抽象但仍易于辨识的方式，通过颜色和造型来捕捉花卉的精髓。在此之前，从来没有人用这种方式绘制花卉。欧姬芙被公认为美国最早的现代主义艺术家之一。

欧姬芙的一句话常被人引用：“没有人欣赏一朵

花——真正地欣赏——花是那么微不足道，而我们总是没有时间。观赏是需要时间的，就像交朋友需要时间一样……所以，我对自己说：我要把我看到的画下来，把花对我意味着什么画下来——但是我要把它画得很大，他们会大吃一惊，然后花时间欣赏它。我想让行色匆匆的纽约人拿出时间来欣赏我从花朵中看到的东西。”

欧姬芙成功地让人们注意到了她笔下的花朵。她的作品在全世界众多顶级艺术博物馆展出，在拍卖会上也叫价不菲。新墨西哥州圣塔菲的乔治亚·欧姬芙博物馆专门展出她的作品。

Obedient plant (*Physostegia virginiana*), Lamiaceae

随意草（假龙头花），唇形科

随意草是一种唇形科植物，通常种植在花园中，花序独具一格。多希望所有的多年生园林植物都是顺从我们的“随意草”啊：在我们希望的时节开花，乖乖地待在篱墙里，最好还能自然整枝。可惜，现实不遂人愿，就连真正名为“随意草”的植物都不听话。事实上，这种唇形科植物在园林中很有进攻性，通过匍匐茎的大量、快速生长来扩大领地。只有它的花能算得上随意：花朵被推向另一边之后不会自主复位。这些几乎没有花梗的花朵会在新的位置停留几分钟乃至几个小时。这是因为过短的花梗与其对位的苞片之间产生了摩擦力。如果将苞片去除，花朵就会垂下来。

和大多数唇形科植物一样，随意草长有四棱状的茎，叶对生。它能长到 3 英尺多高，密集的穗状花序长可达 12 英寸，每轮有 4 朵白色、粉色或淡紫色的小花。随意草的叶子也具有唇形科植物叶片的典型特征，它们是对生的，叶片上半部分呈兜状，下半部分三裂，为访花昆虫提供了降落台。熊蜂是最常见的传粉者，因为它们体型合适，且长有足够长的喙，可以接触花朵深处的花蜜。蜂鸟偶尔也会来采蜜。随意草开花很晚，在大部分多年生植物的花朵凋败之后，它依然能为花园增添色彩。

Orchid bees

兰花蜂

兰花蜂是蜜蜂科长舌蜂族（Euglossini）成员，与中美洲和南美洲雨林中的兰花存在密切而复杂的关系。尽管新热带界的很多兰花是由兰花蜂来传粉的，但也有一些种依赖其他种类的蜜蜂、鳞翅目昆虫和飞蝇等传粉者。同样，兰花蜂也会去天南星科花烛属（*Anthurium*）、大戟科黄蓉花属和茄科树番茄属（*Cyphomandra*）等植物的花朵上采食，而不局限于兰花。我有幸在法属圭亚那研究过长舌蜂族专门访兰花的兰花蜂属（*Eufriesea*）及其与树番茄（学名 *Solanum endopogon*）的关系，并以状似番茄的花朵授粉（兰花蜂通过摩擦花药来收集香味物质）为主题发表了一篇论文。不过总体而言，大多数种类的兰花蜂的确以造访兰花为主。

兰花蜂的一大特点是它长长的舌头（最长可达到其身长的 2 倍）。它们飞行时将舌头塞在身下，看起来就像拖着一条长长的产卵器。兰花蜂明亮的金属光泽耀眼悦目，身体不同部位呈现出绿色、蓝色、紫色、红色、金色和混合色等多种色彩。

雄性兰花蜂与兰花有着千丝万缕的复杂关系，它们不是将兰花作为花蜜或花粉的来源，而是被花朵的香味吸引而来的。雄性兰花蜂用足部的一套“瑞士军刀”来收集这些香味物质。它摩擦过花朵的表面后，前足上的吸水刷毛就将细胞群中的香味物质吸走；中足上的齿状结构将香味物质从刷毛上梳理出来，然后转移到健壮后足边缘填充着海绵状物质的缝隙中。这种香味对人类来说也非常诱人，闻起来是丁香酚（丁香）、水杨酸甲酯（冬青）、香草醛（香草）和桉叶素（迷迭香）的混合气味。不过，有些兰花蜂也会被来自粪便的臭味素吸引。如果将这些化合物放置在吸墨纸上，就可以把雄性兰花蜂引诱到指定区域，以便查验被吸引来的究竟是哪些物种。

雄性兰花蜂会在很长的时间内不断积攒这种复杂的化学混合物。然后，它们聚集在特定的树木周围，形成用于向雌性展示的求偶场，再将“香水”抛洒在空气中。雄性兰花蜂在树木四周飞来飞去，发出巨大的嗡鸣声。人们推测，雌性兰花蜂会被求偶场的活动吸引而来，选择展露实力的雄性兰花蜂交配，后者通过辛勤积攒最优质的“香水”来凸显自己的健美。

吸引兰花蜂的许多兰花已经发展出精妙的适应策略，

确保兰花蜂进入或离开花朵的方式会导致它们在身体的特定部分携带花粉团，并使花粉团保持在适当位置，从而使花粉只用于和同种兰花完成异花授粉。最奇特的适应性例子之一便是瓢唇兰属（*Catasetum*，俗称吊桶兰）植物了。该属植物是兰花中罕见的雌雄异株，雌花和雄花分别长在不同的株体上，外观也相差甚远。当一只雄性兰花蜂被雄花的香味吸引而降落在唇瓣上时，就会触发两根“触角”，导致花粉团弹射出来落在它身上。这些花粉团放置得恰到好处，刚好可以嵌入兰花蜂随后造访的雌花的凹槽，与柱头接触。达尔文发现了这两种外形迥异的植物其实分属于同一物种的不同性别，进而判断出它们的授粉方式。

Osmophore

发香团

发香团是花或花序中产生香气的腺体组织。花香可能由数种挥发性的化合物组成。大多数花在花部器官的整个表面上散发香味，有些花则具有独立的腺体，分泌出独特的香味物质吸引特定的传粉者，这些腺体就是发香团。

芳香引诱剂的有效性已经得到试验证实，这些试验模糊了可能吸引访花动物的其他视觉线索。

我们可以通过一种简单的办法分离出一朵花上产生香气的部位：将一朵大花或几朵小花的花部（如花瓣、萼片、子房等）分别放入单独的小瓶中，让人闻。人们通常可以就散发香味的来源达成统一的认识。

要确定花朵的哪些部位产生气味，还有一种简便的方法。将完整的鲜花浸泡在用水稀释的中性红色染色剂溶液中（在研究组织的微观结构时，常使用 pH 试剂作为一般染色剂）。放置指定的时间后，用蒸馏水清洗花朵，洗净多余的染料。将花朵放在解剖显微镜下观察，分泌挥发性油脂（发香团）的部分会被染成深红色。中性染色剂也会染红富有黏性的花粉外层（外壁）和花蜜腺，这些部分与发香团很容易就能区分出来（在某些情况下，花粉也是香味的来源）。要注意的是，破损的植物组织也可能释放出吸收红色染色剂的挥发性物质。

P

Partridge-berry (*Mitchella repens*), Rubiaceae
鹧鸪莓（北美蔓虎刺），茜草科

蔓虎刺是茜草科的一种小型常绿植物，也是生长在北美东部落叶混交林中的地被植物。墨西哥和危地马拉山区也有间断分布。

蔓虎刺花和果实的与众不同之处在于，它们都是合生的，分别在子房处连接。因此，蔓虎刺的管状花冠都是成对出现的。这些花朵虽小，但很漂亮，还有一种怡人的香味。它们由熊蜂授粉，熊蜂能穿过被毛的花冠，到达底部的花蜜腺。人们甚至曾观察到熊蜂强行进入尚未开放的花蕾，吸食其中漫溢的花蜜。蔓虎刺是无性系物种，无法自花授粉，必须靠蜜蜂将一株蔓虎刺的花粉转移到另一株上才能实现授粉，因此熊蜂的到来并不常见。

蔓虎刺受精的子房会连在一起，成熟时形成一个合生的红色浆果。2 个细小的花萼裂片四周的圆形凹陷便是果实产生自 2 朵合生花的证据：它们就是 2 个花冠连接的地方。尽管也有可能出现 2 朵合生花中只有 1 朵授粉，从而形成单边果实的情况，但是，因为熊蜂通常会造访 2 朵花，这种情形实际上极为少见。

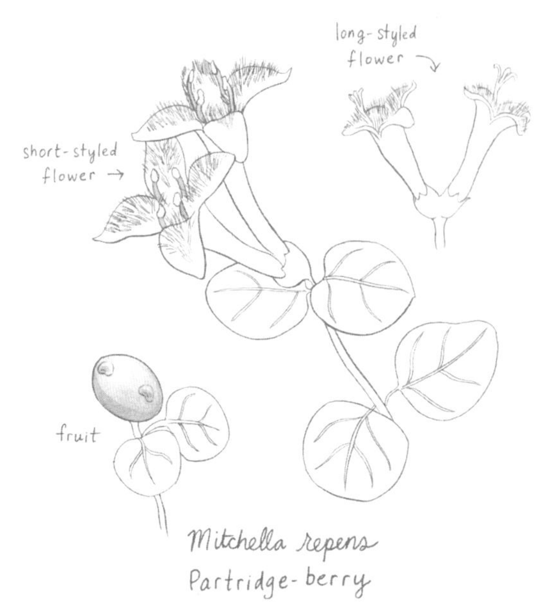

鹧鸪莓（即北美蔓虎刺）的短花柱的花、长花柱的花和果实

Passionflower (*Passiflora* spp.), Passifloraceae

热情果（西番莲属），西番莲科

热情果即西番莲（学名 *Passiflora costata*），藤本植物，因为美丽的花朵和（部分种）美味的果实而受到青睐。大部分西番莲物种原产于美洲热带地区，少数种也分布在美国境内。西番莲的花结构独特，尤其是生殖结构——同时

具有雌性和雄性器官的雌雄蕊柄[1]（androgynophore）；子房位于花被上方的花梗上，顶部有 3 枚柱头。雄蕊从子房正下方的同一花梗上向外呈弧形拱起。花周围点缀着一圈流苏状的细丝，将蜜腺环围在中央。不同种的西番莲，其花朵的大小和颜色相差甚远，因此吸引了蜜蜂、蜂鸟、蝙

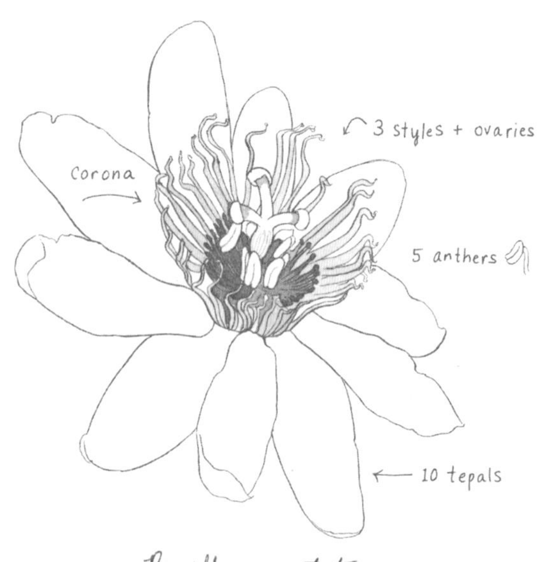

热情果（即西番莲）的花冠、3 枚花柱及子房、5 枚花药和 10 枚花被片

1 即花冠与雄蕊群之间由花托延伸成柄状的部分。

蝠等各种传粉者。西番莲也是长翅蝶（袖蝶属）长满毛刺的幼虫的寄主植物，这些毛毛虫仅以西番莲为食。

Perfume

香　水

香水是一种有香气的液体，通常由萃取自花朵或其他芳香物质的精油制成。数千年来，香水都被用来遮盖体味和吸引异性。据称，“埃及艳后”克利奥帕特拉七世乘船去今属土耳其的海岸与罗马将军马克·安东尼相会时，就曾将驳船的紫色船帆洒满香水。将植物精油与酒精混合的技术历史悠久，可以追溯到 13 世纪的美索不达米亚。到了 18 世纪，香水业在欧洲已相当成熟，法国南部大量种植了专门用于制造香水的鲜花。

多年来，法国香水行业的中心始终是位于普罗旺斯的中世纪城镇格拉斯。然而，随着土地价格高企，农业让位于房地产开发，用于香水业的花卉种植用地日渐减少，划归建造公寓和度假旅馆的土地却越来越多。由此造成的原材料（花卉）供应减少，以及劳动密集型采摘作业的高昂成本，导致了最终产品——香水的价格上扬。

全世界最昂贵的香水配料都出自特定产区的花卉，比如法国普罗旺斯地区的茉莉（主要是素馨花，学名 *Jasminum grandiflorum*）和五月玫瑰（即百叶蔷薇，学名 *Rosa centifolia*），以及保加利亚的大马士革玫瑰（即突厥蔷薇，学名 *Rosa damascena*）。采摘是一项劳动密集型的工作：茉莉花必须在夜间产生香味时手工采摘，玫瑰则须在清晨首次开放后迅速采摘。花朵要在摘下的几小时内、抢在它开始枯萎或发酵前进行加工。虽然这些花卉在其他地方也可以种植，但就像某些种类的葡萄酒一样，上述产地的气候和土壤条件赋予了它们无法复制的特有香味。

在全球知名的昂贵香水中，3/4 都使用玫瑰作为原料。当你意识到大约 28 打玫瑰和 1 万朵茉莉花（大约是一个熟练采摘工每晚的采摘量）才能制造出 1 盎司[1]的喜悦香水时，它的价格就不难估计了。由于 750 多万朵花才能制造出 1 公斤精油，许多香水商已经转而从印度、保加利亚、土耳其和摩洛哥等发展中国家采购原料，这些国家的劳动力成本仅是法国的几分之一。目前，只有少数昂贵的

1　1 美制液体盎司 ≈ 29.5 毫升。

香水品牌还在购买法国制造的最高品质的花净油（纯浓缩精油）。

我平时虽不常用香水，却也偏爱散发出真正花香的香水。为了搜寻可供香水行业使用的新型香味物质，我曾两次前往热带地区参加考察。这使我了解到，即便是真正的花香，也经常需要添加多种其他化合物来稳定或增强香味。最令我诧异的是，对我而言简直臭不可闻的某些“花香”竟然令研究香味的科学家们大为兴奋。其中一种味道让我想起了脏臭的运动袜子，而在科学家们看来，它却有可能成为一种重要的香调，并缓和过于甜腻的香味。

Pineapple (*Ananas comosus*), Bromeliaceae
菠萝（凤梨），凤梨科

菠萝是一种热带植物，常与夏威夷、菲律宾或哥斯达黎加联系在一起，但实际上原产自巴西低地。菠萝是陆生植物，与后文提到的附生植物西班牙苔藓（Spanish moss，即松萝凤梨）虽同属凤梨科，但区别很大。人们认为菠萝发源于巴西南部，自史前时期开始就传到整个中美洲和南美洲并广泛种植。凤梨属的学名和它在世界大部分地区的俗名是“Ananas”，这个词从南美印第安人的图皮语“nana”或“anana”而来，意思是“极好的水果”。因为形似松果，菠萝果实在西班牙语国家还有个更广为人知的名字：piña。

菠萝和松果都长有螺旋状排列的部分，形成两条相向排列的螺旋（就菠萝而言，一个螺旋在一个方向上有 8 枚鳞片，另一个螺旋有 13 枚鳞片）。8 和 13 都是斐波那契数列（这个数列从第一项 0 和第二项 1 开始，随后从第三项起，每一项都等于前两项之和）里的数字。这个概念以意大利数学家斐波那契命名，正是他于 1202 年首次将它介绍到西欧。从向日葵管状花的排列方式到蕨类植物的琴状梢头，再到一些植物茎干上的叶片生长方式，斐波那契数列在很多生物体上都能见到。

严格来说，菠萝是一种聚合果，由 100 多个浆果状的小果实组成，这些果实相互聚合形成一个大的果实。野生菠萝的 3 瓣紫红色花主要由蜂鸟传粉（偶尔也由蝙蝠传粉）；种植菠萝需要授粉时，则由人工完成。从授粉的花朵中发育而来的种子通常留作育种繁殖之用。大部分种植菠萝是没有完成授粉的，因此没有种子。我曾在巴西亚马孙州内格罗河白色的沙滩上见到野生菠萝，令人喜出望外。这些成熟的菠萝只有几英寸高，里面有褐色的小籽，吃起来香甜可口。

使用叶冠或母株底部细长带刺的条状叶子中长出的蘖芽，很容易就可以分株繁殖菠萝。因此，繁殖芽也便于长途运输。在哥伦布第一次航行到新大陆之前，菠萝在西印度群岛已经广泛种植。1493 年重返北美洲探险时，哥伦布的水手们在瓜德罗普岛“发现了”这种植物。

到了 16 世纪中叶，葡萄牙探险家已经将菠萝带到印度种植。当时，人们已经培育出几个酸甜度配比不同的品种。欧洲地处温带，对户外种植菠萝而言，欧洲的天气太过凉爽，因此直到人们设计出使用炉子供暖的温室后，菠萝在欧洲才多起来。即便如此，它依然稀有而昂贵，因此经常被当成进献给皇室的礼品。这种水果与财富和特权联系在一起，并在 17 世纪末和 18 世纪成为建筑与家具中广受欢迎的装饰图案。直到今天，菠萝依然是热情好客的象征。

17 世纪，西班牙人从拉丁美洲将一种名为“红色西班牙”的可食用栽培品种引入菲律宾，并为了获取菠萝叶纤维而在当地种植该品种。虽然这种菠萝的叶子粗糙坚韧，

种植菠萝

P

但其纤维十分纤细，可以织成精致、轻薄而富有光泽的纺织品，并装饰上工艺繁复的刺绣。这种纺织品也是菲律宾上流阶层传统服装的基本材料。除了产出果实和纤维，菠萝植株通体还含有菠萝蛋白酶。这种酶可以分解蛋白质，因此可用于制作腌肉汁，让肉的口感更鲜嫩，但是它会对徒手加工菠萝的工人造成伤害。除此之外，人们会留心避

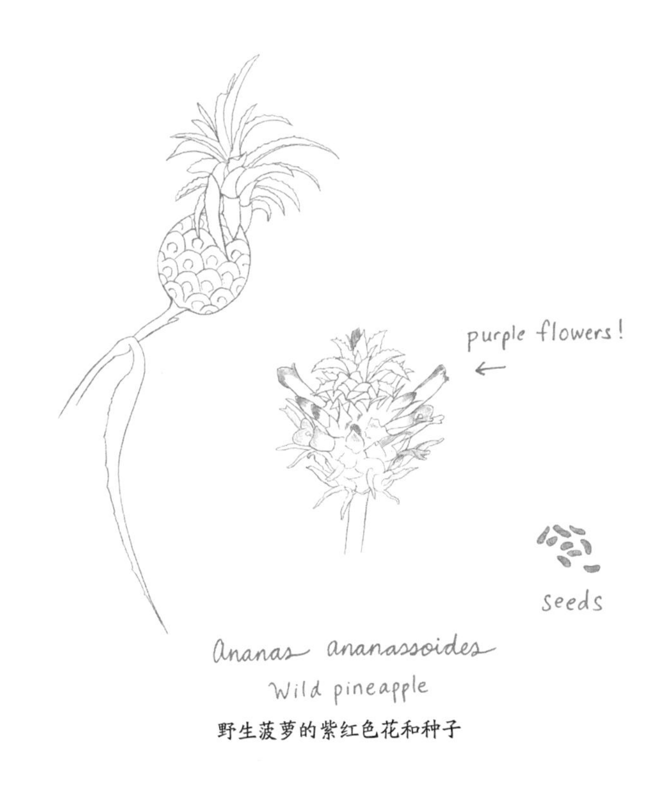

野生菠萝的紫红色花和种子

P

免在使用明胶的甜点中加入新鲜菠萝，因为它会破坏蛋白质，导致明胶无法凝固。

菠萝是世界上第三大热带水果，2019 年世界总产量超过 2700 万吨。由于激烈的竞争和运输方式的转变，长期种植菠萝的夏威夷已不再是菠萝的重要产地。今天，主要的菠萝出口国是哥斯达黎加、菲律宾、巴西和泰国；最受欢迎的菠萝品种是卡因类的无刺卡因和皇后类。与很多水果不同的是，菠萝在采摘后不会继续成熟。在货架上放置一段时间后，菠萝可能会变得更软，汁水更多，但不会更甜，因为菠萝的所有糖分都来自茎中的淀粉。

Pink lady's Slipper (*Cypripedium acaule*), Orchidaceae

女神的拖鞋（无茎杓兰），兰科

拖鞋兰是一种兰花，花大，具有粉色的囊状唇瓣，偶尔用唇瓣诱捕蜜蜂。无茎杓兰是最著名的拖鞋兰之一。发现于北美的杓兰多达 15 种，品种如此丰富让欧洲的兰花爱好者艳羡不已——欧洲仅有 1 种杓兰属（*Cypripedium*）植物。

兰科有 2.2 万余种植物，是位列全世界物种丰富程度第二名的植物科（仅次于菊科），在偏僻遥远的地区甚至仍有尚待发现的新物种。兰科植物以其绚丽奇特的花朵而闻名，花的颜色和形态多是与传粉者共同进化的结果。兰科是一个古老的植物科，昆虫的攻击对其影响并不大；不

P

幸的是，这种免疫力在其他植食动物——比如鹿面前就失灵了。

无茎杓兰不产生花蜜，而是依靠颜色和气味吸引访花昆虫，这也算是一种“虚假广告”了。只有体型大且足够强壮的昆虫才能突破兰花唇瓣上的狭长裂口进入花内。满足上述条件的昆虫便是熊蜂了。熊蜂在花里找不到香甜的花部报酬便会离开；但是，“拖鞋”向内卷起的边缘会阻碍它从钻进花朵时的原路返回。由于“拖鞋”顶部有两个

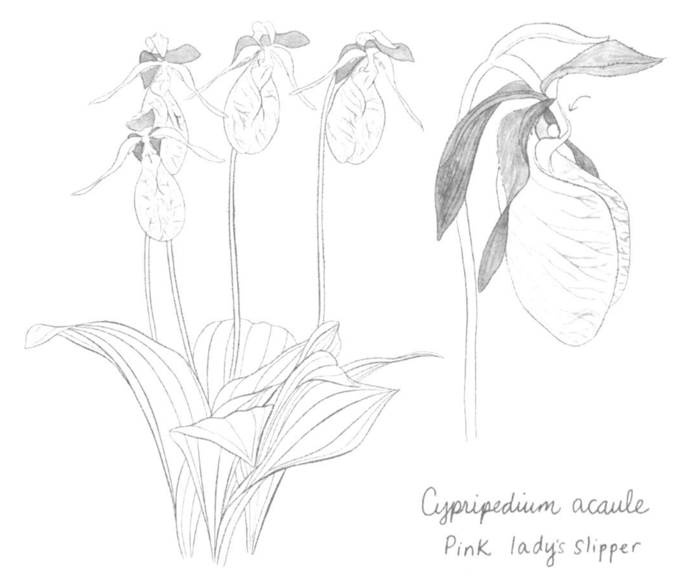

女神的拖鞋（即无茎杓兰）

能透进光线的微小开口，熊蜂寻找出口时便会朝着光亮向上爬行。它将整个身子挤进开口，试图从中通过，必然接触兰花的生殖结构，将之前从其他无茎杓兰上沾到的花粉蹭在这朵花的柱头上。与此同时，它的背部又沾上了这朵花的大量花粉。这种情况肯定鲜少发生，因为在任一年份中，大约只有 5% 的无茎杓兰能结出果实。

Plant exploration and introduction
植物探索与引种

植物探索与引种是发现新植物并将它们引进其他地方。很可能从史前时期开始，人们在迁徙于各地时，就在寻找新的植物作为食物和药物的来源了。他们在迁徙时或许就会将重要的植物或植物种子带在身边。

不过，真正的植物探索时代到 17 世纪才开始。男人们（当时外出的全是男人）有意识地去往遥远的土地寻找具有园艺、食用或医药价值的植物。植物探索通常由园艺协会以及后来的苗圃资助。作为提供资金的回报，这些协会的缴费会员将得到外来植物的种子，率先在园艺同行中栽培新植物，从而提升自身的行业地位。

英国博物学家、园艺家老约翰·特雷德斯坎特（John Tradescant the Elder，1570—1638）就是这些种子的接收人之一。他将多种北美植物引入了欧洲，其中便包括一种开紫花的植物——毛萼紫露草，林奈后来以特雷德斯坎特的姓氏将这种植物命名为 *Tradescantia virginiana*。老约翰的儿子小约翰·特雷德斯坎特（John Tradescant the Younger，1608—1662）继承了父亲对植物的热爱，在 17 世纪三次前往北美东部，带回了落羽杉（学名 *Taxodium distichum*）、北美鹅掌楸（学名 *Liriodendron tulipifera*）、流星报春（学名 *Dodecatheon meadia*）以及其他有趣植物的种子，丰富了英国的园林景观。

18 世纪和 19 世纪是欧洲植物探险家的大发现时期，他们前往美洲、亚洲和非洲各地寻找令园艺师和景观设计师大为兴奋的新物种。在寻找植物宝藏的过程中，他们历尽艰辛，忍受痛苦、疾病，甚至遭遇死亡。今天的花园（在我们这里，有时是室内盆栽）就是他们成功的写照，其中展示着来自喜马拉雅山脉的杜鹃（杜鹃花属）和藿香叶绿绒蒿（学名 *Meconopsis betonicifolia*），中国和日本的栀子（学名 *Gardenia jasminoides*），东亚和南亚的山茶（山茶属），北美西北部的辐射松（学名 *Pinus radiata*）和大冷杉（学名 *Abies grandis*）等，以及如今的花园和景观中人们早就习以为常的其他多种植物。

植物探索今天还在继续，世界各地的偏远角落还有多种植物等待着富有冒险精神的植物学家去发现。为了寻找这些植物，他们甘愿承担艰巨的工作。

Poisonous plants

有毒植物

有毒植物是人们在接触或摄入这类植物时，会对人体产生有害影响的植物。许多植物，甚至是我们喜欢在花园中栽种的植物——水仙、杜鹃、五月果、大黄等，都是有毒的。我们将讨论几种常见的有毒植物，它们导致了历史上多位著名人物的死亡。

我想到的第一个受害者就是苏格拉底。他在公元前399年被处以死刑，被迫饮下了含有“hemlock”的毒药。这里的“hemlock”不是原产于北美东部的针叶树铁杉，而是伞形科的植物毒参（学名 *Conium maculatum*）。这种植物与野胡萝卜多有相似之处，因此了解二者的差异对在野外采集食材的人而言是非常重要的。

在林肯总统的母亲南希·汉克斯·林肯（Nancy Hanks Lincoln）的案例中，中毒是一场意外。林肯夫人饮用了一头奶牛产的奶，这头牛之前吃了当地一种常见的菊科植物——白蛇根（即蛇根泽兰，学名 *Ageratina altissima*）。她并不知道牛奶已经被白蛇根毒素污染了。白蛇根毒素是白蛇根中含有的一种毒素，会引起奶牛震颤、哆嗦。“牛奶病”在美国建立初期十分常见，在 19 世纪初导致很多人中毒死亡。虽然奶牛通常不会啃食白蛇根，但是如果牧场出现过度放牧的情况，它们就饥不择食了。奶牛吃了白蛇根后，要经过一个多星期才会表现出震颤的迹象，而在症状显现之前，它们产的牛奶中可能已经含有白蛇根毒素了。今天，从不同地区和牧场采收牛奶，然后统一处理已经是通行的做法，因此牛奶中的白蛇根毒素已经被大幅稀释，不会引发疾病。

服用一勺蓖麻油来缓解便秘的做法已有上千年的历史了，考虑到 20 世纪初仍有很多人使用这种办法，你可能会很惊讶地发现，提炼蓖麻油的原料——蓖麻籽其实含有剧毒。蓖麻籽是蓖麻（学名 *Ricinus communis*）的种子。

蓖麻这种高大的草本植物在热带地区为多年生，在温带花园中则作为一年生作物种植。蓖麻呈掌状分裂的大叶子和造型有趣的多刺果实为花园平添了亮点，布满斑纹的米色和褐色种子光亮美观，常被用来制作首饰。如果将蓖麻籽整粒吞下，坚硬的种皮可以避免蓖麻毒素进入消化道，但是如果蓖麻籽破裂或被搅碎了，那么只要吃下几粒就会中毒。由于蓖麻毒素不溶于油，从种子中提炼的蓖麻油并没有毒性。出于商业考虑，制造方会在提炼过程中加热蓖麻油，从而确保这种有毒的蛋白质变性，失去毒性。蓖麻油在工业和化妆品行业中也是重要原料。

1978 年，一起故意使用蓖麻毒素的事件成了新闻。当时，居住在英国的保加利亚异见人士格奥尔基·马尔科夫（Georgi Markov）身亡。经查，死因是被改装过的雨伞射出的蓖麻毒素气枪弹击中了腿部。

植物的毒素及它们释放毒性的方法不胜枚举。随着时间的推移，毒素已进化为保护植物免遭植食动物采食的一种手段。购买或食用任何陌生的植物之前，我们还是保持谨慎并充分了解情况为好。

Pseudocopulation

拟交配

拟交配是雄性蜜蜂或其他雄性昆虫被形似其雌性伙伴的花朵诱骗，并试图与之交配的行为。这种花朵中最具代表性的是主要产自欧洲的蜂兰属（*Ophrys*）植物。蜂兰（学名 *Ophrys apifera*）俗称蜜蜂兰，可以惟妙惟肖地模仿多种雌性蜜蜂（还有熊蜂和飞蝇）的体型、形状、颜色甚至气味，将自以为觅得佳偶的雄性蜜蜂吸引到花朵上。在试图与冒充雌蜂的花朵交配时，雄蜂接触到兰花的花粉，花粉恰好沾在合适的部位上。在雄蜂造访下一株同种兰花时，就将这一株的花粉撒落在柱头上，完成授粉。性欺骗（sexual deception）在不会为传粉者提供花部报酬的兰科植物中并不少见。

拟交配机制的成功在于精准地把握时机：当雄蜂出现时（雄蜂比雌蜂更早出现，它们开始寻找配偶时，雌蜂尚未出现），兰花正在开放。一旦雌蜂出现，雄蜂就不那么容易上当了——或许是因为它们从最初懵懂的“艳遇”中得到了教训。

一旦完成授粉，兰花具有挥发性的化学引诱剂就会发

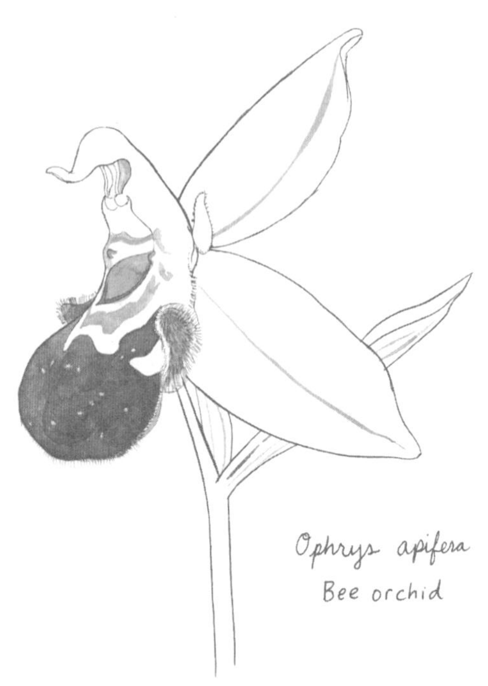

蜜蜂兰（即蜂兰）

生变化，致使蜜蜂或其他昆虫排斥花朵的气味。于是，它们就会离开这朵花，再去寻觅尚未授粉的花朵，那些花正在散发充满诱惑的信息素。

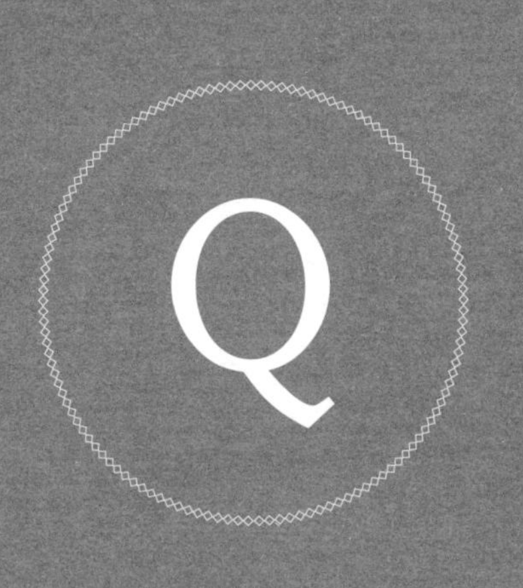

Qualea spp., Vochysiaceae

木豆蔻属，萼囊花科

木豆蔻是新热带区乔木属，花朵颜色明艳，造型特异。萼囊花科仅有 7 个属，大约 200 个种，除其中 2 个属发现于西非以外，其余所有属都原产于美洲热带地区。源自西非的 2 个属中，一个属有 2 个种，另一属只有 1 个种。

木豆蔻属植物 *Qualea retusa*（接受名 *Ruizterania retusa*）

木豆蔻属有 50 个种，大多数为乔木，其中很多体型极大。它们在短时间内开放大量花朵，并且一年内可以多次开花。

木豆蔻的花朵两侧对称，只有一片大花瓣，通常布满斑点，这些斑点就是指引采食者的蜜源标记 (nectar guide)。花瓣为昆虫（大多是蜜蜂，但据记载，某些种类的天蛾也是传粉者）提供了一个降落平台。造访的昆虫到花朵上吸食花蜜或采集花粉。木豆蔻仅有 1 枚雄蕊，花丝粗壮，大花药纵向开裂，还有 1 枚花柱，对称地长在花瓣两侧。在任意一棵木豆蔻树上，大约 50% 的花雄蕊位于花瓣右侧，花柱位于左侧，其余 50% 的花排列方式相反。因此，体型合适的昆虫造访木豆蔻花时，会同时接触到雄蕊和柱头，只要它扫过花药，身侧就会沾上花粉；接下来，当它造访（同一棵树或其他树上）生殖器官以相反方式排列的花朵时，就会将花粉蹭到那朵花的柱头上。

Queen Anne's lace (*Daucus carota*), Apiaceae

安妮女王的蕾丝（野胡萝卜），伞形科

原产于欧亚的草本植物，生有白色、蕾丝状的伞形花

安妮女王的蕾丝（即野胡萝卜）的花序（上）和果序（下）

序，顶部齐平。虽然安妮女王的蕾丝并非原产于北美，但它早就是这里常见的路边“杂草”了，因此很多人都以为它是本土物种。安妮女王的蕾丝与其许多有毒的亲缘植物外观相似，区别在于它的花头下具有细长、分裂的苞片。安妮女王的蕾丝有时也被叫作野胡萝卜，据说它泛着白色的主根就是人工种植胡萝卜的野生原种。（最近研究表明，两者之间可能曾存在某种中间形式。）

“安妮女王的蕾丝”这个颇有韵味的俗名得自它的花序。花序上的白色小花就像一个白色的蕾丝垫圈，中间深红色至黑色的斑点（花）则据称代表英国安妮女王（1665—1714）用针刺破手指时落在蕾丝上的一滴血。

中央的深色花朵真正的作用是什么，长期以来都是一个富有争议的话题。有些研究者认为它们有助于吸引昆虫，这些昆虫往往都把深色花当成以野胡萝卜的花粉或花蜜为食的其他小昆虫；另一些研究者则主张深色花的作用在于抑止其他昆虫来访，这些昆虫将花朵当成了捕食性昆虫。迄今为止，各种研究得出的结论仍各有不同。

Resupinate

倒　置

倒置是指植物某一器官在其位置上颠倒反转，比如许多兰花种中，花朵在花梗上扭转，自花苞所在的原始位置颠倒下垂。该术语通常仅在植物学领域使用，用来描述叶子和花朵位置颠倒，比如秘鲁百合（六出花属）的叶片就是反转过来、背面朝上的。

兰花作为典型的单子叶植物，其花器部分都为三数：萼片 3 枚，花瓣也是 3 片。其中一片花瓣（即唇瓣）通常在大小、形状和颜色上与其他花瓣明显不同，发挥着引诱昆虫的作用。大多数的兰花，花苞尚未开放时，唇瓣位于最顶部的位置；随着花朵成熟并开放，花梗扭转 180 度，直至唇瓣转到开放花朵的底部。（杓兰属植物拖鞋兰就是兰花花朵倒置的绝佳例子。）并非所有的兰花都会出现倒置。有些物种从花苞到开放花的过程中，花的各部分不会发生位置改变，唇瓣仍然位于开放花的顶部，这类花被称为非倒置花（non-resupinate），比如淡粉色的沼泽美须兰。非倒置兰花比倒置兰花更少见。

关于唇瓣扭转到较低位置可能带来的益处，理论说法不一：也许是便于在花朵上方飞过的昆虫注意到它；或许是通过下垂和外翻来增加光照，从而让蜜源标记更明显，同时吸收更多的热量，散发花瓣的香味；还有一种可能是，较低的位置为传粉者提供了一个便于着陆的平台。不过，非倒置兰花在吸引传粉者方面与倒置兰花平分秋色，所以发生倒置的原因目前还不甚清楚。

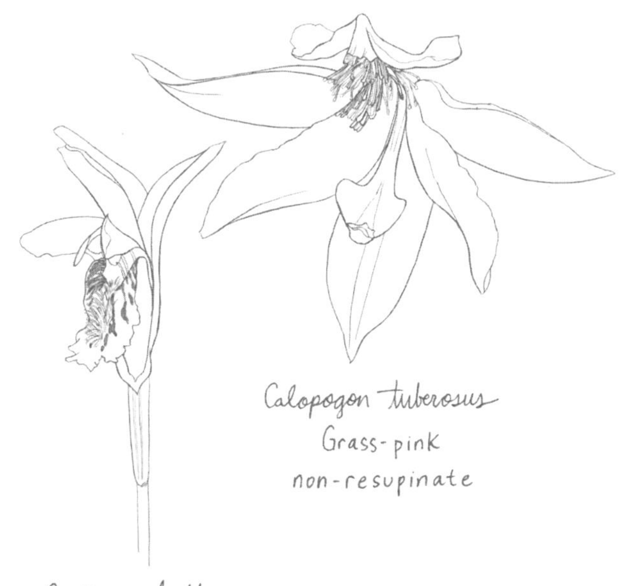

龙嘴兰（学名 *Arethusa bulbosa*）的倒置花（左）

与沼泽美须兰（学名 *Calopogon tuberosus*）的非倒置花（右）

花朵倒置并非兰花独有，其他草本植物科属，比如红衣半边莲（学名 *Lobelia cardinalis*，桔梗科）所在的半边莲属植物的花朵和某些豆科植物（比如蝶豆属）的花朵也会扭转，从而将最显眼的部分置于向下的位置。

Resurrection plant (*Ramonda* spp.), Gesneriaceae

复苏植物（欧洲苣苔属），苦苣苔科

复苏植物是一个术语，用于描述外表看上去已经死亡、但在迅速补足水分后就能“复苏”并开始进行光合作用、继续生长的植物。有些植物被称为“复苏植物”是因为它们能够忍受长期极度缺水的环境，一旦下雨，就能“起死回生”。其中比较著名的是附生蕨类植物百生蕨（学名 *Pleopeltis polypodioides*）和孢子繁殖的鳞叶卷柏（学名 *Selaginella lepidophylla*）。不过，一些开花植物也能在长时间缺水后重新吸收水分。正如人们所料，有些复苏植物生长在干旱地区；还有一些属于附生植物，生长在树枝、岩石上，甚至攀附在电话线上，比如凤梨科铁兰属

（*Tillandsia*）。这些植物必须通过叶子吸收空气中的水分或吸取与它们擦身而过的雨水，因此，在长期干旱时期，它们通常会保持脱水状态。

我最喜欢的复苏植物是在比利牛斯山脉见到的苦苣苔科植物欧洲苣苔（学名 *Ramonda myconi*）。苦苣苔科最出名的植物是广受欢迎的室内花卉非洲紫罗兰；与非洲紫罗兰一样，欧洲苣苔的花朵呈淡紫色至紫色，造型引人注目。欧洲苣苔是稀有的植物，寿命很长，生长在岩石裂隙中，深绿色的叶子呈莲座状。虽然它没有显示出耐脱水的特点，但是据说它能休眠 2~3 年之久，并能在 37.7 摄氏度以上的温度下存活。

除了欧洲苣苔，在巴尔干地区还有另两个种（*R. serbica* 和 *R. nathaliae*）。据推测，欧洲苣苔属全部 3 个种都是冰河时期前的残遗种。欧洲苣苔属主要生长在石灰岩山区朝北的山坡上（*R. nathaliae* 对其基质的耐受力更强）。人们正在研究这些耐旱植物，以确定赋予其耐旱特性的基因，以及是否能将其耐旱性引入农作物。

欧洲苣苔属的 2 个巴尔干种深具韧性，它们也因此成为塞尔维亚人在第一次世界大战中勇气和坚韧的象征，*R. nathaliae* 还成为停战日的官方纪念标志。

Rosy periwinkle (*Catharanthus roseus*), Apocynaceae

玫瑰色长春花（长春花），夹竹桃科

长春花是一种在热带和亚热带花园作为观赏花卉广泛种植的植物。在热带和亚热带地区，长春花全年开花，花朵呈粉色或白色；在温带地区作为一年生植物种植时，也能为当季的花园增添色彩。不过，世界各地种植长春花并不是为了欣赏它美丽的花朵，而是因为它具有药用价值。在功效最好的植物源性药品中，有两种都以长春花为原料。

包括长春花在内，很多夹竹桃科植物都含有可能导

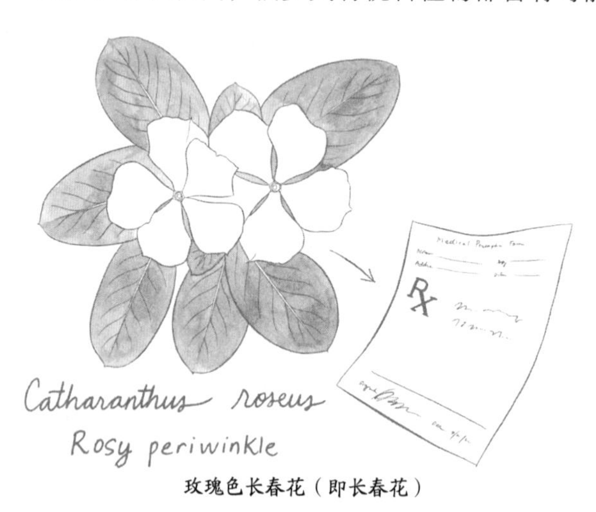

玫瑰色长春花（即长春花）

致摄入者死亡的毒素。不过，和很多具有毒性的物质一样，只要严格按照正确的剂量使用，它们就能发挥出药用价值。长春花所含的生物碱多达70种，其中长春碱（vinblastine）和长春新碱（vincristine）给针对某几种癌症的治疗药物的研发带来了重大突破。

中国、牙买加和菲律宾等国家的人都有使用长春花治疗糖尿病的历史，这促使研究人员于20世纪50年代对长春花的化学特性展开深入研究。礼来制药公司曾研究印度的长春花样本，并未从中发现任何影响血糖水平的化合物（这些化合物多年之后才被发现）。同一时期，加拿大独立科学家罗伯特·L. 诺布尔（Robert L. Noble）从在牙买加做医生的弟弟那里收到了干燥的长春花叶子，后者请他研究这些叶子中是否含有可能影响胰岛素水平的化学成分。诺布尔与有机化学家查尔斯·比尔（Charles Beer）合作研究，得出了与礼来制药公司相同的结论。事实上，接受治疗试验的小白鼠全部死亡。不过，试验团队注意到，小白鼠的白细胞曾被长春花的提取物破坏。诺布尔和比尔由此推测，长春花提取物可能对治疗白血病（一种因异常白细胞大量增殖引起的恶性疾病）有效果。于是，他们继续研究长春花的化学成分，并首先发现了新型化合物——长春碱。该药物经证实在治疗霍奇金淋巴瘤和其他癌症方面具有显著作用。3 年后，他们又发现了长春新碱，这种药物将白血病患者（特别是患儿）的存活率从 10% 提高到 90%。然而，长春花中长春碱和长春新碱的含量很低，1 吨长春花叶才能制造出 1 剂药品，因此需要采集大量的长春花。由于滥伐林木，长春花在其原产地马达加斯加已濒临灭绝，但在其他地区还有广泛种植。

这样的故事掀起了挖掘新药的植物探索热潮。今天，大约 40% 的药物都来源于植物。一些药物仍然在使用植物原料；一些药物使用人工合成的有效化合物，不再从植物中提取。尽管取得了许多重大发现，但时间和成本上的投入也是巨大的，这导致一些制药公司减少了此类研究。最终进入市场的药物往往价格不菲，部分原因便在于高昂的成本。

为美国国家癌症研究所（National Cancer Institute）做了一个收集项目后，我总算亲身感受到，采集化学分析所需的足量叶片、树皮和其他植物材料并将它们晒干（还是在雨林里）是多么繁重的工作。虽然我们是从已知具备潜在疗效的植物科属中采集标本的，但这次考察并没有发现任何有趣的化学物质。

Saffron (*Crocus sativus*), Iridaceae

藏红花（番红花），鸢尾科

藏红花是从秋季开放紫色花的鸢尾科植物藏红花中提取的一种昂贵香料。[注意不要和学名为 *Colchicum autumnale* 的“秋藏红花”（autumn crocus）混淆，秋藏红花实际上是秋水仙科的一种有毒植物，其花朵与藏红花外观相似。]藏红花分成三枝的橙红色细长柱头和相连的花柱需要手工采摘，制作 1 磅[1]干燥的藏红花需要七八万枚花柱和柱头，这也印证了藏红花不愧为全世界最昂贵的香料。藏红花通常以小包装的规格出售，只需要一两根就能为各式菜肴增添微妙的风味和颜色。在水中泡散 1 根，就足够将 1 磅米饭都浸满藏红花的精华。藏红花在西班牙的海鲜饭、意大利的烩饭和法国的鱼羹等欧洲菜里是不可或缺的配料；在中东美食中也被大量使用。

S

购买磨碎的藏红花时一定要擦亮眼睛，因为其中经常会掺入（甚或完全是）其他橙色的草本香料，比如价格相对低廉的姜黄、红花或万寿菊花瓣。在 15 世纪的藏红花

1　1 磅 ≈ 0.45 公斤，全书同。

Crocus sativus
Saffron crocus
藏红花（即番红花）

贸易中心威尼斯，有一支名为“藏红花队”的特别治安部队，专门负责检查藏红花商贩的商品，以防藏红花掺假。如今，这种质量管理工作由国际标准化组织负责。通过气相色谱分析，并配合记录“香味指纹”的质谱分析技术，检验人员就可以准确地判断藏红花的品质。

藏红花的药用历史悠久，可以追溯到古埃及时期。藏红花中的主要活性物质是藏红花醛（safranal）、藏红花素（crocin）、苦藏花素（picrocrocin）和藏红花酸（crocetin）。近期一些研究表明，藏红花会改变某些血液指标，但不会引发明显波动；它对缓解抑郁症可能也具有积极的作用。其他研究则显示，藏红花对某些类型的肿瘤有毒性；针对藏红花抗肿瘤前景的研究也在进行中。

Saguaro (*Carnegiea gigantea*), Cactaceae
萨瓜罗掌（巨人柱），仙人掌科

巨人柱是一种柱状仙人掌，原产自索诺拉沙漠（位于墨西哥和美国的交界处，包括墨西哥索诺拉州和美国亚利桑那州的大片地区），在邻近的加利福尼亚州东南部也偶有发现。巨人柱是美国西南部的象征，它所代表的区域远远超过了其实际的生长范围。限制巨人柱生长的主要因素是结冰温度，因此亚利桑那州北部的高海拔地区没有发现过这种植物。

巨人柱是巨人柱属唯一的种，其学名中的“Carnegiea”是为了纪念 19 世纪的企业家、慈善家、纽约植物园的资助者之一安德鲁·卡耐基（Andrew Carnegie）。虽然巨人柱是美国最大的柱状仙人掌，但是它生长得极其缓慢，第一年仅有 2~3 毫米高。也就是说，即便幼苗侥幸躲过捕食者、扛过干旱和低温存活下来，它的生存往往也需要其他植物的保护，这样的植物也被形象地称为“护理植物”。保护巨人柱幼苗的护理植物（通常是一株小树）为生长中的幼苗遮阴，在一定程度上保护其免受高温炎热、低温寒冷和强风的摧残。如果没有这样的“呵护”，幼苗的死亡率接近 100%。随着巨人柱的生长，它浅而分散的根开始与护理植物争夺水分，这时常会导致后者的过早死亡。

巨人柱是肉质植物，它将水分储存在主茎（树干）和分枝当中。当雨水充沛时，主茎的直径就会增粗，干旱时又会收缩。水分主要靠分散的浅根吸收，相对较长的主根也会吸收一部分，这有助于巨人柱的主茎保持稳定。要知道，水是很重的，每加仑[1]的重量超过 8 磅。一株成熟的巨人柱在水分充足的条件下可重 3000~5000 磅，其中

1 美制 1 加仑 ≈ 3.8 升。1 升水约 1 公斤。

85%~90% 都是水。如此庞大的体重都依靠植株内部带肋的茎来支撑。

考虑到降水量的影响，巨人柱长到 1 米的高度可能需要 20~50 年。经过 75~100 年的时间，第一个分枝才能从茎的上部长出来，并继续竖直向上生长。巨人柱的寿命很长，有些能存活 250 年之久。在漫长的一生中，巨人柱可以长出 40 多个分枝。不过，也有一些巨人柱始终没发育出任何分枝，而只会长高。巨人柱的茎偶尔会出现异常发育的情况，顶部水平伸展发育成冠状。这种现象可能是激素失调、遗传缺陷或感染造成的。

直到开花结果，巨人柱才算成熟，而花朵和果实可能植株生长 50~100 年才会出现。在成熟阶段，巨人柱的养分主要输送到生殖部分，而不是用于生长。花朵生长在称为“刺座”（areole，仅见于仙人掌科植物）的生长中心上，因此，分枝越多（因此花朵也更多）的巨人柱更有可能繁殖成功。

巨人柱的花期在 4–6 月；花大，管状，白色，在夜间开放并散发出香气。这些特点吸引着蝙蝠——实际上，长鼻蝠正是巨人柱的重要传粉者，尤其是在墨西哥。但是，在索诺拉沙漠的亚利桑那州部分，长鼻蝠并不是可靠的访花者，因为它们的迁徙数量年年不同，与需要授粉的巨人柱花朵相比，实在量小力微；并且它们的活动范围也没有延伸到巨人柱的北部生长区域。巨人柱的花朵从夜间开放到第二天下午，其间持续分泌花蜜，可吸引众多在日间活动的访花者。经证实，白翅哀鸽和外来的蜜蜂是亚利桑那州的巨人柱最重要的传粉者。

巨人柱被人们视为一个关键种。据记载，超过 100 种昆虫、鸟类、哺乳动物和爬行动物将它作为食物来源或栖身之所。原住民，特别是皮马部落和帕帕戈部落，历来有使用巨人柱果实制作糖浆和饮料的传统；他们还用死去的巨人柱坚硬的茎肋搭建围栏、建造房屋。原住民甚至将巨人柱死后露出的愈伤组织（callus tissue）作为容器使用[1]。

虽然巨人柱在保护等级上属于无危（least concern）一级，但它受到亚利桑那州法律的保护，在那里破坏或挖掘巨人柱都是非法的。一些人无视法律，爱好进行一种名为“仙人掌射击”的运动：以击倒巨人柱为目的，向它们开枪射击。在一起案件中，巨人柱赢得了战斗。这段故事在

1 啄木鸟在巨人柱果肉上筑巢时，巨人柱会产生一层坚硬的愈伤组织。巨人柱死后，果肉腐烂，这些坚硬的容器状结构显露出来，印第安人会将其当作容器。

Austin Lounge Lizards 乐队的歌曲《萨瓜罗掌》中流传下来。为了加速推倒一株巨人柱，持枪作恶的人试图用另一株死亡巨人柱的茎肋戳刺它。就在这时，一根分枝轰然掉落，砸死了持枪作恶的人。失去分枝的巨人柱再也无法保持稳定，最终整株倒在了持枪作恶的人身上。要我说，这就是善有善报，恶有恶报。

Scientific plant names

植物学名

我们如何感激瑞典植物学家卡罗勒斯·林奈乌斯（Carolus Linnaeus，即卡尔·冯·林奈，这是他受封贵族之前的拉丁语姓名）都不为过，他在 1753 年发表的新型植物命名体系至今仍为我们所用。在他里程碑式的巨著《植物种志》(*Species Plantarum*）中，他为当时欧洲植物学家已知的所有植物命名。他简化了命名方式，并统一了植物命名的标准，为每个物种赋予了由两部分名字构成的独特组合（称为“双名词组”)，指定了它们的属名（genus，复数形式为 genera）和修饰它的种加词（species，单复数形

S

式一致）。种加词（也称种小名）从来不会单独出现，而是必须与属名结合使用——这种形式被称为双名法，也就是“种”的学名形式。具有众多共同特征的物种归合为一个更大的类别，称为“属”；“属”又基于相似的特征归合为“科”。时至今日，科的命名已经有标准的形式，均以“-aceae”结尾。这些名称来自拉丁语或希腊语，偶尔也有其他语言的拉丁化形式。在属名和种加词之后，有时会附上首先描述并命名该物种的植物学家的名字（或其标准化缩写形式），比如番萝藦属的 *Matelea gracieale Morillo* 就是吉尔伯托·莫里略（Gilberto Morillo）首次命名并描述的。

植物学家会选用描述性的词汇为植物的属或种命名，例如，将含有“一朵花”之意的“uniflora”作为单花植物的种加词，花朵单生的水晶兰学名便是 *Monotropa uniflora*；他们也会使用地理位置作为学名的组成部分，比如最早采集于新英格兰地区的美国紫菀学名为 *Symphyotrichum novae-angliae*，种加词“novae-angliae”即表示新英格兰。植物的名字也可以是对某人的纪念，像是第一个采集该植物的人或某位重要人物。比如，林奈为了纪念他的学生、在北美采集了众多新物种的彼得·卡尔姆，而将山月桂的学名定为 *Kalmia latifolia*；种加词

S

“latifolia”则表示该种具有宽大的叶片。对描述和命名一种植物的人来说，即使他本人就是第一个发现该物种的人，使用自己的名字为它命名仍会被视作欠缺风度的表现。使用双名法的科学命名必须用斜体书写，属名首字母须大写；种加词首字母小写，即使该词来自一个专有名词，也须小写。一个种可以进一步细分为亚种、变种或变型。植物的命名须符合严格的规范（《国际植物命名法规》），分类学家每 5 年召开一次国际会议，决定新物种的命名，并对有争议的命名做出选择。当学名在书面作品中出现时，通行的做法是在其第一次出现时给出学名的全写（属 + 种），之后同一段落出现同属植物的学名时，可将属名缩写，仅使用属名首字母和句点表示。比如，水晶兰的学名在文中首次出现时完整写作 *Monotropa uniflora*，同一段落出现同属植物松下兰的学名时可写为 *M. hypopitys*。

虽然科学命名至今依然令很多人望而生畏，但是在林奈将每种植物（动物）用词繁复的描述性命名简化为学名之前，了解植物的名称远比现在困难得多。了解一些拉丁语和希腊语的词根有助于降低学习植物学名的难度，因为这些词实际上描述的就是植物本身的特点，所以可以帮助我们理解学名的含义，也更容易记忆。

Skunk cabbage (*Symplocarpus foetidus*), Araceae

臭白菜（北美臭菘），天南星科

臭菘是天南星科草本植物，每到 5 月，它繁茂的绿叶就铺满了河岸和沼泽。为了在湿润的土壤中保持稳定的状态，臭菘可收缩的长根时而生长时而收缩，牢牢地抓住茎

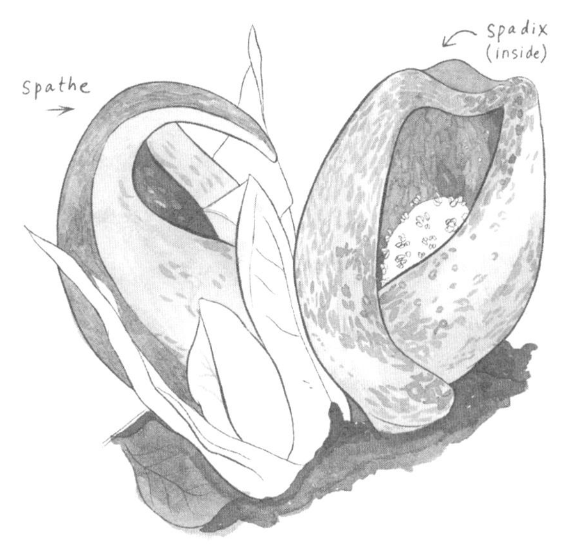

臭白菜（即北美臭菘）的佛焰苞（左）和内部的肉穗花序（右）

干向地下深入，从而将植株固定在沼泽上。

和生长在北美东北部的许多植物（如双生叶、三叶天南星、五月果，以及其他 60 多个属）一样，臭菘最有可能来自东亚，那里的每个属都有多个种，数量明显多于北美。

与亲缘植物三叶天南星不同的是，臭菘的花朵是完全花。微小的花布满球形的肉穗花序，花朵沿着肉穗花序自上而下依次开放。每朵花上，雌蕊的柱头首先成熟，之后雄蕊的花药开裂，释出花粉[1]。由于臭菘不是自花授粉植物，再加上它最早在 2 月就开花了，而该时间段活跃的传粉者凤毛麟角，所以臭菘结果很少。在冬末稀有的温暖日子里，飞蝇可能会造访；蜜蜂也偶尔会冒险飞离蜂房，寻找花粉和花蜜。为了增加这些无畏严寒的昆虫前来造访的机会，臭菘通过加快细胞呼吸产生热量，给自己加温。温度上升也使花朵的香味能得以更充分地挥发。热量从肉穗花序散发出来，并保存在包裹花序的佛焰苞里，为昆虫提供了一个“暖房”，昆虫可以在飞往另一个花序之前在这里停歇，让飞行肌肉暖和过来。只要环境温度保持在 2.7 摄氏度以上，肉穗花序就能将“暖房”的温度保持在约 20

1　两性花柱头先成熟，花药后开裂，称为花内雌性先熟。

摄氏度。正是在这样宝贵的“暖房休息期”，授粉发生了。

彼得·卡尔姆谈到臭菘时说道：“在各种臭气熏天的植物中，它是最难闻的。它那令人作呕的味道太刺鼻了，我几乎无法观察它的花朵；吸入臭气的时间稍长一些，我就被熏得头痛。”这种臭味是臭菘俗名“臭白菜”的来源，它的臭味主要来自臭菘茎叶部分的化合物，当茎叶被踩踏或压裂时，就会释放出臭味。

Spanish moss (*Tillandsia usneoides*), Bromeliaceae

西班牙苔藓（松萝凤梨），凤梨科

西班牙苔藓是一种附生植物，通常大量成簇悬挂在树枝上。西班牙苔藓既不是苔藓，也不产自西班牙，而是一种具有附生习性的开花植物。换句话说，它在其他植物上生长（主要在树上，有时候也挂在电话线上）。西班牙苔藓常被称为“气生植物”，因为它没有吸收水分和养分的根，而是通过叶子上密布着的银灰色可吸水鳞片从空气中吸取水分和矿物质。这种植物原产于美洲湿润的热带和亚

S

热带地区，也是已知的植物当中分布纬度范围最广的物种之一。它的生长区域从弗吉尼亚州、北卡罗来纳州、南卡罗来纳州到海湾各州（及阿肯色州），向南延伸到墨西哥，以及中美洲、南美洲大部分地区，直至阿根廷和智利最北部，跨度超过 8000 千米。西班牙苔藓是美国南部的象征，很多树的枝条上都悬挂着这种植物，在弗吉尼亚栎（学名 *Quercus virginiana*）和落羽杉上尤其多见。

西班牙苔藓（即松萝凤梨）

西班牙苔藓的种加词“usneoides”表明，它与松萝属（*Usnea*）的一些地衣植物外观相似，俗名也很形象——老人须。地衣是由真菌和藻类共生而成，包括松萝属植物在内的很多地衣都被当作灵敏的空气污染生物指示器，因为它们只在空气洁净的地方才能生长。有趣的是，西班牙苔藓对空气中的污染物也十分敏感。

在美国东南部，从树木上倾垂而下的西班牙苔藓“瀑布”由无数相互缠绕的小型气生植物组成。这些植物偶尔会开放三瓣的鲜绿色小花，就像凤梨科其他植物花朵的微缩版。风传的丛生状种子从蒴果中产生，但由于不常开花，繁殖大多依靠树枝上的西班牙苔藓茎条被吹到地上，或由鸟类带到其他树上来实现。

西班牙苔藓为昆虫、蜘蛛、蝙蝠、（包括莺在内的）鸟类和蛇提供了栖息地，因此具有重要的生态作用。它也可用于填充床垫或制作家具饰品（汽车出现初期它常被用来制作汽车座椅），还可以充当绝缘材料。今天，西班牙苔藓的主要用途是制造包装材料。

S

Spiderwort (*Tradescantia* spp.), Commelinaceae

蜘蛛草（紫露草属），鸭跖草科

紫露草属是由大约 75 种植物构成的属，从加拿大到阿根廷均有分布，根据观察视角的不同会被称为野花或当作野草。林奈将紫露草属命名为“Tradescantia”是为了纪念 15—16 世纪的英国博物学家老约翰·特雷德斯坎特和小约翰·特雷德斯坎特父子，他们共同采集了许多新植物，并将它们引进英国的花园。小约翰·特雷德斯坎特在美国东部进行科学考察时，首次采集到了典型种——毛萼紫露草。紫露草属的一些种，特别是毛萼紫露草以及它与该属其他种结合产生的天然杂种，都能开出蓝紫色的花，清丽动人，因此经常在多年生园林中作为观赏植物栽种。其中很多种紫露草属植物的花朵在早上开放，但如果被阳光照射到，它们到下午就会闭合。

S

紫露草之所以会出现在这本书里，不仅仅是因为它们作为园林花卉深受我们喜爱，还是因为自 20 世纪 70 年代以来，紫露草作为监测辐射水平的生物测定工具发挥了重要的作用。一些紫露草品种，特别是名为“紫露草克隆

02”的克隆品种，其雄蕊毛对低水平的电离辐射极其敏感。当植株暴露在伽马射线或其他辐射来源中时，雄蕊毛（有时还有花瓣）的细胞就会发生变异，从蓝色变成粉色，使这种植物成为最容易观察的辐射指标物。辐射导致决定雄蕊毛颜色的基因发生自发性突变，使呈蓝色的显性基因被清除或突变，粉色的隐性基因表达出来。沙伊莱尔（L. A. Schairer）等人的一项研究表明，当植株暴露在辐射源中时，花苞中尚在发育阶段的雄蕊毛在连续暴露 11~15 天后，受到的影响尤为明显。吸收最高辐射剂量的植株出现的粉色细胞最多，21 天之后，影响会趋于平稳。

此后，主要使用“紫露草克隆 4430”进行的研究进一步表明，紫露草也是一种灵敏的生物传感器，可用来进行空气和水中的化学诱变剂污染监测。紫露草的雄蕊毛检测机制是一种成本低廉、快速、高效的手段，能够现场快速检测出低水平辐射和有毒化学物的存在，从而提供早期预警，防止因泄漏而发生的辐射事故或化学品暴露引起的长期诱变效应。

S

Splash-cup dispersal

雨滴飞溅传播

雨滴飞溅传播是一种利用雨滴传播种子的非常规方法。植物将种子从母株散播出去的途径多种多样，这么做的理由也相当充分：与母株保持一定距离的幼苗不会与更健壮的母株争夺水分、阳光等资源，在不同的位置进入生长期对该物种更加有利；幼苗也有机会避开侵害母株的昆虫或疾病。

有些种子直接落在地上，只能在原地“得过且过”；有些种子被风和水带走，有时甚至“长途跋涉”，来到全新的地方扎根；还有一些种子被动物无心地散播，要么鸟类吞食果实后把它们排泄在别处，要么附着在途经动物的皮毛或羽毛上，在其他地方被梳理掉。不过，种子或含有种子的果实有时也会蓄意让动物携带它们移动。比如蚂蚁会搬运含有丰厚油质体的种子，吃掉油质体后，将包裹其中的种子丢弃在土质肥沃的蚂蚁穴里。

某些植物的蒴果另辟蹊径，通过弹道弹射的方式将种子推离母株（比如堇菜和凤仙花）；在极罕见的情况下，果实仅从顶部开裂，裂开一条缝隙，等待雨滴将种子溅出去。一个例子就是生长在林地上的型呐草。唢呐草的花当属虎耳草科植物中最美的，但是体型微小，往往得不到关注。唢呐草雪花状的花朵娇嫩欲滴，其子房会逐渐成熟，结成蒴果。蒴果成熟时，顺着顶部的缝隙裂开，形成船型

唢呐草（即二叶唢呐草）

结构，使封闭其中的种子暴露在风雨之中。雨滴砸在开裂的蒴果上，一些种子就会从母株上被溅出去。种子飞溅的距离取决于雨滴的大小和速度，不过总还是能溅落到距离母株一米之外的地方。有些龙胆草和婆婆纳也使用这种方式散播种子。

Squawroot (*Conopholis americana*), Orobanchaceae

美洲黄鳞草（苞谷列当），列当科

苞谷列当是一种外观奇特、缺少叶绿素和真叶的植物，无法自己制造养料。苞谷列当是全寄生植物，意思是它完全依赖寄主植物来获取所需的养分。苞谷列当的寄主植物是栎属植物——橡树。仲春时节，苞谷列当覆满裂片的肥壮肉质“手指”从橡树下的地面冒出来；它们与松果有几分相似，特别是秋天变成棕褐色之后。因此，它的属名“Conopholis”是由希腊语“conos”（球果）和“pholis”（鳞片）组成的。

从这种寄生植物的茎上长出来的白色管状花朵很可能

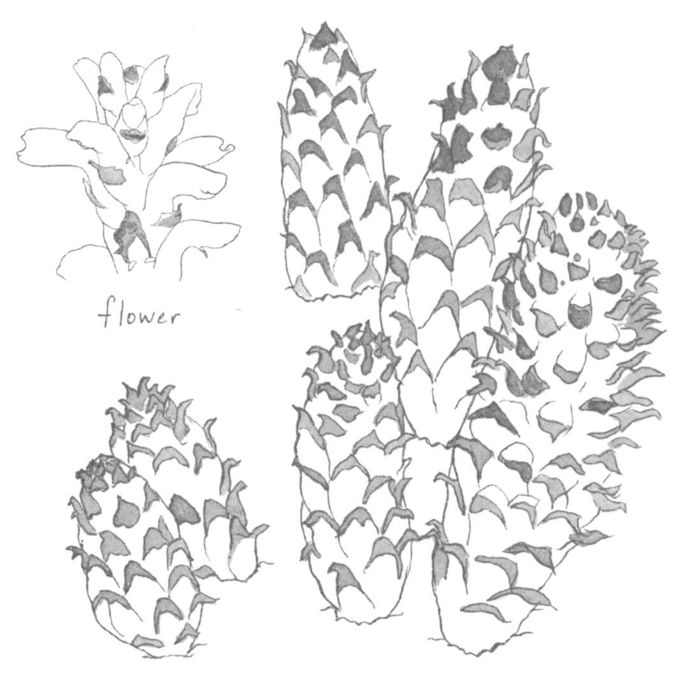

美洲黄鳞草（即苞谷列当）和它的花

是自花授粉，之后发育果实，每个果实中包含约 500 颗小种子。种子只有落在橡树正在生长的菌根尖端附近才会发芽，然后在寄主植物的组织上生长。起初，与橡树根相连的菌根真菌从寄主植物中吸收水分和养分，输送给寄生植物；待吸器形成，将寄主植物的木质部与寄生植物连接，就可以直接从橡树向苞谷列当输送养分了。苞谷列当在生长的前 4 年内不会长出地面，长出地面后就开始繁殖，之后经过六七年的时间开始衰老。

在大烟山，黑熊以苞谷列当的花和茎干为食，这在它们的春季食物中占 10%，白尾鹿也会采食苞谷列当，这或许能让种子实现远距离散播。

Stinging nettle (*Urtica dioica*), Urticaceae
刺荨麻（异株荨麻），荨麻科

刺荨麻是原产于欧亚大陆的一种开花植物，现已广泛引种到世界各地，包括北美在内。刺荨麻的花太过小巧玲珑，通常不会引起任何注意，它的叶子也平平无奇——直到你在森林小径上不小心与它们擦身而过，接触叶片的皮肤立刻会产生灼烧感，如此看来，林奈将荨麻的属名定为“Urtica”（源自拉丁语“urere”，有“刺痛”之意）也是恰如其分。这种刺痛和灼烧的感觉，由茎叶上纤细的尖毛释放的化学物质引起，这些物质包括甲酸（又称蚁酸，

S

蚂蚁的分泌液也含有蚁酸）和导致皮肤泛红刺痛的刺激物组胺。这种皮肤反应通常在24小时内就会缓解，但一开始着实令人痛苦难当。刺荨麻中空的尖毛刺激皮肤的方式很像皮下注射，其尖端在接触皮肤后断裂，针状的尖毛将组胺、血清素和其他化学物质注入皮肤。民间常使用酸模（酸模属）的叶子舒缓刺荨麻引起的灼烧感。有一天，我碰巧尝试了一下，发现它确实有助于缓解疼痛。同样也推荐使用氢化可的松软膏来缓解刺痛。

尽管刺荨麻有令人不快的一面，但人们使用它治疗关节炎已有悠久的历史。有些人认为，它能消炎，减轻疼痛。春天采集刺荨麻的嫩叶（采集时一定要戴手套），煮至半熟去除针刺感，然后像春季蔬菜（比如菠菜）一样煸炒（最好加入提味的大蒜和橄榄油）后便可食用。在希腊，人们还会将刺荨麻与野菜（希腊一种名为“horta”的野菜）混合起来制作糕点，或将它们作为调料加入某些品种的高达干酪中。刺荨麻的叶子富含维生素和矿物质。

Sundew (*Drosera* spp.), Droseraceae

茅膏菜（茅膏菜属），茅膏菜科

茅膏菜是一种食肉植物，通过叶片边缘红色触手顶端晶莹闪烁的“水珠”引诱昆虫和其他小型猎物。昆虫被黏糊糊的“水珠”粘住，在试图挣扎摆脱的过程中触动腺毛，致使叶片迅速卷起来把它们包住，越卷越紧，并将其向叶片的中心移动。那里的有柄和无柄腺体分泌出黏液，将昆虫覆盖住，这或许导致了昆虫的气孔被堵死，从而造成其死亡。捕蝇纸和黏胶陷阱采用的就是这种诱捕机制。

一旦昆虫中计，茅膏菜的叶片就会将其包裹并折叠起来，从而增加与猎物的接触面积，促进叶片更高效地分泌消化酶，分解猎物，吸收其养分。触发植株迅速生长的激素控制着触手和（某些物种的）叶子的活动。虽然茅膏菜可以进行光合作用，自己制造食物，但它还需要硝酸盐、钾、磷和其他微量元素及矿物质才能生存。食肉植物多栖息在贫瘠、潮湿的土壤和水域，所以它们进化出其他手段来获取缺乏的营养。达尔文是最早研究食肉植物（包括茅膏菜）的人之一，但他的儿子弗朗西斯（Francis）才是确切证明食肉植物从“猎物”中获益的人：他用昆虫“喂

S

Drosera rotundifolia

Sundew

圆叶茅膏菜（学名 *Drosera rotundifolia*）

养”的茅膏菜产生的花朵、果实和种子数量都比没有食物的对照组植物多。

茅膏菜的花朵常常为人所忽略。它们长在高高的花茎顶端，每次只开放一朵；碰到天气晴朗的日子，则只在午间开放。我们对茅膏菜的传粉者所知甚少，但有一种假设是，花朵长在高于捕虫叶的花茎上，可以降低意外捕捉传粉昆虫的概率；花茎更高的植物吸引的传粉者也更多。

S

Thigmotaxis

趋触性

趋触性是植物因受到故意或意外接触刺激而做出的向性运动，运动方向可能趋向刺激，也可能背离刺激。向触性（thigmotropism）运动的方向由刺激的位置决定。比如，当藤蔓植物的卷须盘绕在它们接触的物体上时，卷须会将整个植株拉向该支撑物，从而向着有光照的地方爬得更高；与此相反，有些由触摸刺激引起的运动与刺激的方向无关，比如含羞草（学名 *Mimosa pudica*）的叶片因受到触摸而闭合，这样的运动称为感触性（thigmonasty）。这两种运动都被视为正向性运动。植物也会做出负向性运动。比如，当向下生长的根在土壤中碰到岩石等坚硬的物体时，就会改变方向，远离障碍物。植物的定向运动根据机械刺激、植物和运动类型而变化。有些运动是膨压迅速降低而导致的（含羞草）；有些运动是化学变化引起的（就含羞草而言，这些变化可以通过电脉冲传导至没有被接触的叶子）。还有些运动是生长激素带来的结果，这种激素是受到刺激的细胞产生的；这些细胞将生长素输送到相邻的细胞中，围绕在刺激物周围（比如黄瓜等攀缘植物

T

的卷须缠绕在支撑物上）。还有一种激素——乙烯，也协助推动了这一过程。

最有趣的植物感触性例子之一是一些仙人球（仙人掌属）花朵中雄蕊的向性运动。仙人球被接触刺激时，无论刺激它的是昆虫（大中型蜜蜂是有效的传粉者）还是好奇的观察者，雄蕊都会躲避接触的来源，转而朝向花朵的中心。人们认为，这是为了迫使体型足以触发雄蕊运动的来访昆虫向花朵中心移动，并在此过程中经过微少的花蜜和已经被大量花粉覆盖的花药。然后，蜜蜂爬上花柱，从柱头飞离花朵。这些动作可能会促使花朵完成自花授粉。不过，由于仙人球花的花药在柱头成熟之前就开裂了，所以花粉通常是被带到其他花朵上，如果后者的柱头已经成熟，那么就能实现异花传粉。

Tulipomania (aka Tulipmania)

郁金香热

郁金香热是指在 17 世纪早期荷兰出现的一股争相求购郁金香的热潮，当时郁金香成为世界上价值最高的商品之一。在 16 世纪中期商人从西亚将郁金香带回荷兰以前，荷兰人从没听说过这种植物，郁金香球根被当成洋葱吃掉的故事更是层出不穷。（虽然郁金香球根可食用，但球根和叶子都含有一种叫作郁金香苷 A 的化合物，该化合物可能会引起过敏反应。）直至 16 世纪末，备受敬重的法国植物学家卡罗吕斯·克卢修斯（Carolus Clusius）使郁金香成为整个西欧渴求的对象。在接管荷兰莱顿大学新植物园之前，克卢修斯是维也纳宫廷花园的负责人。在维也纳期间，克卢修斯从奥地利驻奥斯曼土耳其大使那里得到了郁金香球根和种子。这位大使对君士坦丁堡（今伊斯坦布尔）苏丹的花园里大量种植的郁金香推崇备至，渴望看到它们在自己的祖国盛放。克卢修斯于 16 世纪末离开维也纳前往莱顿时，携带了郁金香球根和种子，打算在当地花园里种植。这些球根茁壮成长，花繁叶茂。虽然他把球根和种子送给了欧洲其他地方的友人，但他并不愿意将它们赠予荷兰同胞，甚至不肯卖给他们。直至有人从他的花园里盗走了一些球根，才最终使郁金香传播开来，在荷兰全国销售。郁金香很快就成为阿姆斯特丹（当时的欧洲金融中心）富人和中产阶级的身份象征，这些人愿意花大价钱买下从君士坦丁堡远道而来的球根，种在自家的花园里。

时至17世纪初，开始于法国的“郁金香狂热”已经延烧到荷兰、英格兰和德国。在这个狂热的时期，人们甘愿倾尽财富甚至用房产去换一颗梦寐以求的郁金香球根。最受追捧的是带有条纹或杂色花纹的郁金香，其中较为多见的是白底衬红色条纹。这样的郁金香被称为碎色郁金香，当时的荷兰画家经常在静物画中描绘它们。彼时，人

碎色郁金香

T

们还不知道这种自然出现的花纹是由一种花叶病毒引起的，而这种病毒最终会让郁金香花败叶衰。

据说郁金香热堪称最早的金融泡沫：基于郁金香价格暴涨的预期而投机炒作期票，最终注定要破灭。在1634—1637年三年间，郁金香球根交易创造了巨量财富。为了终止肆无忌惮的投机，政府开始在市场上监管郁金香交易。但实际上，1637年市场就跌入谷底，留给人们的只有空头支票和一文不值的球根。几天之内，郁金香贸易崩溃，金融灾难爆发，给众多投资者造成巨大损失，就像2008年次贷危机和互联网泡沫（也是贪婪投机的案例）引发的现代金融危机一样。虽然根据最近的研究，“郁金香热导致长期衰败”这种表述很可能被一些研究这一历史时期的著作夸大了，但是人们似乎并没从历史中吸取教训，2003年成立于荷兰的郁金香基金崩盘就是明证。该基金以过往的成绩为基础，许诺开发新的郁金香品种，可计划很快演变成复杂的骗局，给投资者带来重大损失，基金所有者也面临欺诈指控。不过，以郁金香和其他球根植物为主的花卉产业依然是荷兰的支柱产业之一。

Tulips (*Tulipa* spp.), Liliaceae

郁金香（郁金香属），百合科

郁金香属是百合科的一个属，这个属中五彩斑斓、数不胜数的开花球根植物（仅登记在册的就有近6000种）在世界各地的温带植物园中都有种植。与百合科的其他成员一样，郁金香花是三基数，有6枚鲜艳的花被片。部分郁金香花被片底部还有1条黑色的斑纹。现已发现的大约76种野生郁金香中，大多数原产于中亚和东南欧巴尔干地区以西［其中的一个外来种林生郁金香（学名 *Tulipa sylvestris*）原产于西班牙、葡萄牙和北非，现在也已在欧洲其他地区引种驯化］。经过DNA比对，被认为原产于东亚的郁金香物种现已被归入一个近缘属——老鸦瓣属（*Amana*）。郁金香属、老鸦瓣属和猪牙花属（*Erythronium*）组成了一个关联密切的进化分支，也有人认为它们应归并为一个属。

郁金香的属名“Tulipa”来自这种植物的波斯语名“dulband”（相当于土耳其语中的“türbent”），意思是“头巾”，因为郁金香花朵的形状与当时奥斯曼人戴的头巾相似。郁金香在16世纪早期的奥斯曼文化中具有重要的意义，几乎出现在所有设计纹样中，并逐渐成为民族和宗教的象征。

土耳其以其丰富的郁金香物种（18 种）而闻名，事实上，其中仅有 7 种真正原产于该地区，其他种都是从中亚引进的球根栽培而来的。这些引种驯化的球根也不是产自中亚的原野生郁金香种，而是已经过几个世纪的筛选和培育，从而保存和放大了某些特征的品种。人工培植的郁金香大多是从 *Tulipa* × *gesneriana* 得来的，这是一种复杂的杂交种，已经在欧洲多地驯化，但是由于杂交记录及驯化过程不详，分类已经模糊难辨，所以无法确定大部分郁金香的起源。

育种者已经培育出了各种颜色和花型的郁金香，据说，郁金香的颜色和花型比其他任何花朵都要多。现代的育种者，特别是荷兰育种者，目前正在利用多种野生种为广受喜爱的郁金香花增添更丰富的多样性。郁金香球根是荷兰重要的出口产品，2018 年的出口额超过 2.15 亿欧元。郁金香也是荷兰蓬勃发展的旅游业中不可或缺的看点。

Twinleaf (*Jeffersonia diphylla*), Berberidaceae

双生叶（二叶鲜黄连），小檗科

二叶鲜黄连是小檗科草本植物，原产于纽约州西部、加拿大安大略省南部，现西至明尼苏达州东南部、南至佐治亚州西北部均有分布。这种植物的俗名和学名都揭示了它最突出的特征，即“双叶”（其种加词“diphylla”就是“两片叶子”之意）。双生叶其实是单叶植物，叶片中部急剧向内凹陷收缩，看起来好像是两枚呈镜像的叶片。二叶鲜黄连属只有 2 个种，另一种是原产于东亚的鲜黄连（学名 *Jeffersonia dubia*）。

双生叶是一种在早春盛放的野花，叶片最初呈紫红色，对折，看起来就像休息时将翅膀折叠起来的蝴蝶。与早春短命植物不同，二叶鲜黄连属植物可以存活到夏末。整个春夏，它们的体型都在变大，直到 9 月颜色开始变黄并最终死亡。不过，双生叶纤弱的白色花朵寿命很短，并且仅在传粉者（各种蜜蜂）可能会飞来的晴朗天气里开放。花朵开放几天后，花瓣就会凋落，子房（如果已经授粉）开始成熟，形成蒴果。到了夏末，已变成橙黄色的蒴果开裂，露出包有肉质油质体的红褐色种子，油质体会吸

双生叶（即二叶鲜黄连）

引蚂蚁将种子从植株上带走。

也许你已经猜到了，这个属是以美国第三任总统托马斯·杰斐逊命名的。杰斐逊本人就是园艺师和植物爱好者，为了纪念他对博物学的浓厚兴趣，双生叶的属名以他的姓氏命名。历史上仅有两位美国总统的姓氏曾被用来为植物属命名，他便是其中之一（为纪念美国的第一位总统华盛顿，棕榈科丝葵属的属名定为“Washingtonia”）。直到18世纪末，宾夕法尼亚州的植物学家本杰明·巴顿博士（Dr. Benjamin Barton）才正式为这种植物命名。随后，双生叶迅速成为一种极受欢迎的园林植物，杰斐逊本人也在他蒙蒂塞洛庄园的大花园里种植它。今天，那里依然生长着双生叶，它们的花期恰在杰斐逊的生日4月13日前后。

T

U

Ultraviolet patterns on flowers

花朵上的紫外线图案

花朵上的紫外线图案指的是花冠上某些可吸收或反射人眼无法识别、但昆虫复眼可见的紫外线的部分。花冠上形成的鲜明图案能吸引昆虫的注意力，首先指引昆虫进入正确的降落位置，然后进一步引导它找到花蜜。在全球温带地区，大约 33% 的植物物种可强烈反射紫外线。

目前认为，色素中吸收紫外线的主要成分是一类叫作“黄酮醇”（flavonol）的植物化学物（phytochemical）。这类化学物可以使人类看来呈纯黄色的花朵，在蜜蜂眼中呈白色，并且花朵正中还有一个醒目的红色“靶心”。同一朵花上，有些部分吸收紫外线，其他部分反射紫外线，也会形成对比强烈的图案。有些花展示出靶心图案，还有些通过斑点或条纹更有效地引导昆虫找到蜜源，这样的记号被称为蜜源标记。花瓣表面的纳米结构也有助于加强斑点的密集度；表面纹理越丰富，吸收的紫外线越多。虽然这些标记多数用来指引蜜蜂（或其他昆虫）找到花蜜位置，但以花粉为主要花部报酬的植物，吸收紫外线的部分则通常位于雄蕊（有时仅仅是花药），这是为了吸引寻觅花粉

U

的昆虫。蝴蝶也是对紫外线图案做出反应的昆虫之一，这可以从它们对某些杜鹃花物种的青睐中看出来，这些杜鹃花上长有一片可以吸收紫外线的花瓣。

紫外线图案不仅出现在花朵上，在昆虫身上也能见到，这或许是它们相互交流或试图骗过捕食者的一种手段。使用装有特制镜头滤光片的相机可以捕捉到这些图案，这种滤光片只能透过紫外光，这样一来，我们就能从拍出的照片上看到蜜蜂眼中的花朵了。

Umbel

伞形花序

伞形花序是一种花序类型，细长的小花梗皆从花序轴同一位置长出。这种花序是伞形科（Apiaceae，过去称 Umbelliferae）植物的特征。“umbel”一词来自拉丁语“umbella”，意思是“遮阳”，词源是拉丁语中表示阴影的“umbra”。英语中“umbrella”（意为“雨伞”）一词也源于同一词根。这个名称非常贴切，因为伞形花序通常看起来很像一把翻转的雨伞。在典型的伞形花序上，从花序轴同一点长出的小花梗呈放射状排列（相当于伞骨），但这些小花梗长度不同[1]，因此小花梗末端的花簇会形成一个几乎平坦或略有弧度的平面。常见的例子就是野胡萝卜，它的每个伞梗顶端会再生出一个更小的伞形花序，形成复伞形花序。

伞形科的许多植物都是重要的经济作物，比如野胡萝卜、欧防风（学名 *Pastinaca sativa*）、欧芹（学名 *Petroselinum crispum*）、茴香（学名 *Foeniculum vulgare*）、葛缕子（学名 *Carum carvi*）、莳萝（学名 *Anethum graveolens*）和茴芹（学名 *Pimpinella anisum*）；其他一些成员则有剧毒，例如毒参和毒芹（学名 *Cicuta maculata*）；还有一些伞形科植物开花时赏心悦目，比如星芹花（星芹属）和海冬青（刺芹属）。

其他具有伞形花序的植物科还有五加科和葱科。

U

1 非等长但接近等长。

Underground orchids (*Rhizanthella* spp.), Orchidaceae

地下兰（地下兰属），兰科

地下兰属是一个稀有而独特的兰花属，该属植物整个生命周期都是在地下度过的。地下兰属有 4 个种，仅出现在澳大利亚，并且是在澳大利亚东部和西部相距数千千米的局部地区发现的，这表明地下兰属可能曾分布于更广泛的区域。人们对可能存在地下兰的地区进行了仔细搜索，最终有所收获的区域仅占全部搜寻地区的 4%，并且没有发现新种。不过，全新的发现或许还在等待着在正确时间出现在正确地点的幸运儿。当我在地球另一端的法属圭亚那发现一株在地面开放的兰花状花朵时，我一度以为自己就是这个幸运儿。当时，我正等着我丈夫从他做采集工作的树冠上下来，突然在雨林的地面上发现了一朵三基数的小花，上面有细长的丝状附属物。当我试图把它捡起来时，它没有“让步”。我非常激动，就在不久前，我才在《花园》（*Garden*）杂志上读到彼得·伯恩哈特（Peter Bernhardt）的《黑暗中的兰花》一文（伯恩哈特后来在著作《狡猾的堇菜和地下兰：植物学家的启示》中进一步阐

U

述了有关内容），因此非常好奇南美洲是否也存在这类地下兰。我大声向还趴在树上的丈夫描述了这朵花，然后开始小心翼翼地在它周围挖掘，寻找它的根。它的确是一种没有叶绿素的地下物种，只有花露出地面。不过，它属于另一个科——水玉簪科（目前暂时被归在水玉杯属）。虽然不是兰花，但它确实是一个新物种：*Thismia saülensis*[1]。

与很多缺乏叶绿素的兰花（比如珊瑚兰属）一样，地下兰完全依靠与土壤中的菌根真菌合作来获取养分（比如氮）；它也需要一个进行光合作用的寄主植物，并通过共同的真菌网络从寄主植物那里获取所需的碳。

除了在地面上开花的东澳地下兰（学名 *Rhizanthella slateri*，最初被描述为另一个属的物种）外，其余 3 种地下兰是目前所知仅有的常年在地下开花的植物。（偶尔在地表以下开花的寄生植物除外，这类植物可以接触顺着土壤表面的裂缝钻进去的昆虫；有时，生长在地表下极浅位置的地下兰也会接触昆虫。）

你也许会问，为什么一株植物会把花藏起来不让其他生物看到呢？由于这些植物被发现的次数稀少，仔细观察

1 暂时无中文名。

其生活史的机会极其有限，所以目前人们对它们的繁殖情况也所知甚少。所有地下兰的小花都成簇开在花盘上，形态与菊科植物的头状花序类似。第一个被发现的地下兰物种——西澳地下兰（学名 *Rhizanthella gardneri*）是 1928 年一名农民在清理土地时偶然看到的。这种地下兰也是唯一被观察到有昆虫造访的物种。前来造访的既有真菌和其他小虫，也有蚤蝇（据记录曾携带花粉）和白蚁（曾被观察到搬运大量花粉），这也使西澳地下兰或为目前已知唯一由白蚁传粉的植物。由于其植株稀少、农业对其生境造成破坏，以及种子在散播过程中多有损失，所有地下兰物种都已被列为濒危物种。

Uvularia spp., Colchicaceae

垂铃草属，秋水仙科

垂铃草属是北美东部特有的林地野花，共 5 种，因长有下垂的黄色花朵被俗称为“铃铛花”（bellwort）。这种早春开花的多年生植物并不显眼，却有一种柔和的秀丽之美。它开花时，树木刚长出新叶，森林沐浴在淡雅的色彩之中，更是相衬得宜。5种垂铃草属植物大多外观相似，高度从5英寸到25英寸不等，长有柔软的绿叶，花呈淡黄色。唯一的例外是大花垂铃草（学名 *Uvularia grandiflora*），它呈簇串状，花亮黄色，扭转下垂的花被片相较于其他种的垂铃草更大。垂铃草属植物通过地下的匍匐茎、根状茎和种子传播，种子由取食油质体的蚂蚁散播。区分垂铃草品种的关键特征是它们的叶子。大花垂铃草鲜绿色的叶片背面覆茸毛，并且是抱茎叶（perfoliate，即茎看上去是穿过叶子基部生长的）；垂铃草[1]（学名 *U. perfoliata*）也有抱茎叶，但叶片无毛，花被片不翻转，且内部有微小的橙色凸起；无柄垂铃草（学名 *U. sessilifolia*）的叶片直接从茎上生长，没有叶柄，叶片颜色更浅；柔毛垂铃草（学名 *U. puberula*）的叶子更有光泽，不像前述两种垂铃草的呈暗绿色；佛罗里达垂铃草（学名 *U. floridana*）的不同之处则在于其花梗上有一个叶状的小苞片。

垂铃草的属名来源于拉丁语“ūvula”，意思是“小葡萄”，很可能是根据花朵下垂的形态得来的。悬雍垂，即我们口腔内软腭后缘悬垂的肉质部分，其名称“uvula”也来自同一个词。

1 为这个属的模式种，故有此称。——审校注

Van Gogh, Vincent (1853—1890)

文森特·凡·高

文森特·凡·高是19世纪末的荷兰艺术家，或许也是文艺复兴以来最具影响力的画家之一。尽管凡·高大胆的后印象派绘画在世界范围内广受推崇，但他在有生之年却没能亲眼见到自己的作品获得认可——事实上，凡·高在世时只卖出了一幅画。

凡·高27岁开始画画，此前做过艺术品商人、教师和新教传教士，都惨淡收场。他的早期绘画色彩阴郁，反映出彼时荷兰艺术的主题——写实的静物和风景画。直到1886年他去往巴黎，作品才开始以更加厚重的笔触呈现出更明亮的色彩。他搬到法国南部小镇阿尔勒时，这种转变达到了顶峰。虽然他在那里度过的时间很短（仅仅一年多），但他像着了魔一样疯狂地创作。在因精神疾病而影响生活，以至于被送进精神病院之前，凡·高完成了两百多幅油画，以及一些水彩和素描作品。即使在精神病院，凡·高也在画，并在这一时期完成了他最著名的作品之一——《星空》。这幅画因为唐·麦克莱恩（Don McLean）1971年的单曲《文森特》而大受欢迎，甚至对凡·高的艺术不感兴趣的人也开始关注他。

不过，他最著名的画作还是向日葵系列。在阿尔勒度过的第一个夏天，凡·高将向日葵当成了他的花朵，甚至在写给弟弟提奥的信中宣告："向日葵是属于我的。"和弟弟同住在巴黎时，凡·高也画过向日葵，但他在阿尔勒创作的向日葵更加明亮、大胆，传递出他早期画作所缺乏的活力。不难看出，向日葵生机勃勃的巨大圆形花盘、盛放的"花瓣"（其实是假舌状花，参见词条"管状花与舌状花"的插图）和花盘的螺旋中心，激发了凡·高这样的艺术家用夸张的笔触和生动的色彩描绘出它的野性之美。

虽然大朵的向日葵让人联想起凡·高和法国南部，但向日葵实际上是一种北美植物，最早可能是西班牙早期探险家弗朗西斯科·皮萨罗（Francisco Pizarro）在1532年发现的。

凡·高37岁时在法国自杀。葬礼上，他的画布被悬挂在棺材四周，棺材周围还摆放着花束。花束大部分由黄色的花朵组成，凡·高总是将黄色的花——特别是向日葵——与光明和爱联系在一起。友人们也带来了向日葵，他们知道凡·高一直对这种花情有独钟。凡·高死后被安葬在自杀地点附近的公墓，墓地由他的朋友、同为艺术家的保罗·加歇医生（Dr. Paul Gachet）及其子小保罗·加歇照料。每年春天，他们都在那里种下向日葵种子，一直坚持到 20 世纪 50 年代。

Victoria amazonica, Nymphaeaceae

王莲，睡莲科

王莲是睡莲科植物，又称亚马孙王莲，原产于南美洲亚马孙河水流缓慢的流域和支流水域，其巨大的体型震撼了 19 世纪初首次发现这种植物的欧洲探险家。为了纪念维多利亚女王，有人将它命名为 *Victoria regia*；但他们不久后就发现，王莲已经在另一个属中被命名为亚马孙芡实（学名 *Euryale amazonica*）了。最终人们判定，这种植物与芡属的差异足以让它归入另一个新属（王莲属，*Victoria*）。但是为了符合植物学命名法规，必须保留原种加词“amazonica”，而去掉“regia”。因此，目前王莲被接受的学名就是 *V. amazonica*。王莲属内只有 2 个种，另一种即体型更小、更耐寒的克鲁兹王莲（学名 *V. cruziana*）。这

V

两个种的杂交种只需要一季就能从种子发育成完整植物，在温带植物园中常有展出。

王莲巨大的叶片直径可达 3 米，叶片连在粗壮的水下叶柄上，从河底的块茎中伸出。随着水位上升，叶柄可以伸展到 7~8 米高。除了叶面和花朵，王莲周身覆盖着锐

Victoria amazonica
Amazon waterlily

亚马孙王莲（即王莲）

刺，这些刺可以让企图采食的海牛等水生动物望而却步。叶面由坚硬的叶脉支撑，叶脉中有许多充满空气的空腔。叶脉从一个中心点向外辐射，纵横交错，形成拼接的网格，这种结构可使并不算厚重的叶片能承受很大的重量。受力均匀的情况下，王莲的叶片甚至能支撑一个小孩的体重。这种网状支撑结构启发了英国园艺师约瑟夫·帕克斯顿（Joseph Paxton）。他将该原理应用在玻璃温室（即水晶宫）的设计上，大量使用玻璃做墙面，用钢梁和木质拱肋作为支撑。这种形式也是当今植物园普遍使用的大型轻质建筑建构的原型。

王莲的花同样令人印象深刻。宽约 12 英寸的花朵会散发出类似菠萝的浓郁果香吸引传粉者（主要是金龟子）。花中的温度比周围气温高出 11 摄氏度，通过这种温度差，王莲将花香扩散到空气中。金龟子主要通过这种香味找到王莲花，但有时也会借助视觉，因为王莲在夜晚第一次开花时，花瓣是纯白色的。金龟子在花朵的基部寻找食物来源，以雌蕊心皮上富含淀粉质和糖分的附属物为食。花中不仅有美食，还有交配的机会，金龟子乐不思蜀，根本没有注意到花朵凌晨已开始渐渐闭合，以至于它接下来几乎一整天都会被困在里面。

直到傍晚，花朵才再次打开，却已变了模样：花瓣变成深红色，不再散发香气。时至黄昏，花中的退化雄蕊再次打开，将牢笼中的金龟子释放出来；花药开裂，释放花粉。金龟子慌忙离开内室，并在此过程中沾满花粉，然后被附近刚开放的花朵吸引过去。当它们进入新开花朵的中心部分时，沾在身上的花粉便留在了成熟的柱头上。这种诱捕机制是协同进化的一个绝佳例证：王莲花依靠金龟子实现异花授粉，金龟子则以王莲作为食物来源。

Wilson, Ernest Henry (1876—1930)

欧内斯特·亨利·威尔逊

欧内斯特·亨利·威尔逊[1]，20世纪初期斩获颇丰的“植物猎人”，为改进欧洲和美国的植物园而采集了上千种植物，其中大部分来自中国。当威尔逊被拥有百年历史的园艺公司维奇苗圃（Veitch Nurseries）选为植物采集者时，他刚刚完成植物学的深造，即将开始教学生涯。维奇苗圃派威尔逊前往中国的目的十分明确：获取他们在过去采集的标本中见过的一种植物，维奇苗圃认为它将为温带花园锦上添花。这种植物就是鸽子树（即珙桐，学名 *Davidia involucrata*）。威尔逊遍历曲折，抵达中国香港后还遇到一场瘟疫，被迫推迟了去往中国内地的旅程。当他最终看到珙桐时，不禁赞叹它为“所有北温带植物中最有趣、最美丽的树木”，它白色的花苞片宛如“巨大的蝴蝶，在树间翩翩飞舞”。威尔逊不仅完成了使命，取得了大量珙桐种子，还将其他数百种植物的标本也带回英国，它们最终都被引进了西方园林。为期两年的旅程充满艰险，但它彻底

W

1　常约定俗成译作“威尔荪”，此处采用现代人名译法。

鸽子树（即珙桐）

改变了威尔逊的生活和职业。维奇苗圃对威尔逊的工作很满意，他成了该公司的全职植物采集家。一年后，威尔逊再次去中国为维奇苗圃寻觅新物种。在长江激流中航行时，他险些丧命，同船几个人不幸遇难。在靠近西藏的高山上，威尔逊终于发现了目标——黄色的绿绒蒿（即全缘叶绿绒蒿，学名 *Meconopsis integrifolia*）。之后，他又发现了很多新奇的物种，并将其中 500 多种植物的种子或球根带回了英国，其中也包括王百合（即岷江百合，学名 *Lilium regale*）。这种百合在英国大受欢迎，以至于收集其球根成为他再次到东方探险的动力。

威尔逊在发现和采集植物方面的才华引起了波士顿阿诺德植物园（Arnold Arboretum）负责人查尔斯·萨金特（Charles Sargent）的注意。他说服威尔逊出任该园的植物采集人，并派他回中国寻找具有园艺价值的木本植物。威尔逊又一次踏上了险象环生的旅程：穿越北美时遭遇火车相撞，得了一场疟疾，采到的 18 000 颗百合球根因腐烂而丢弃了不少。尽管如此，他还是带回了各种诱人的植物样本，其中最知名的当属中国四照花（*Cornus kousa* subsp. *chinensis*），这种植物至今在北半球的温带植物园中仍广受喜爱。

威尔逊结束工作后回了一趟英国，然后便和家人搬到波士顿，开始潜心研究他收集的植物。他这时已经声名鹊起，波士顿的崇拜者还给他起了个绰号——“华人威尔逊”。威尔逊第四次到中国时，收集了更多王百合球根和针叶树种子。他又一次实现了他的目标。其间，他在一次山体滑坡中受伤，一条腿严重骨折，但他仍设法将50 000份植物标本和近1300包种子交到了远在植物园的萨金特手上！

回到波士顿，威尔逊写下了11年来作为植物探险家在中国的经历，出版了著作《一个博物学家在华西》[*A Naturalist in Western China*，再版时更名为《中国：园林之母》(*China Mother of Gardens*)]。之后，他在妻子和女儿的陪伴下进行了2次不太艰苦的东方之行，分别去了日本和中国台湾，再度为欧美园艺界引种了杜鹃花、枫树、丁香和紫茎属(*Stewartia*)植物等众多有趣的新物种。萨金特去世后，威尔逊接任阿诺德植物园园长的职位，又写了几部关于植物采集生涯的作品。然而，他退休回英国定居的夙愿终未实现——1930年他和妻子在车祸中丧生。

当威尔逊被问起寻找新植物所遭遇的艰辛时，他总是回答，与旅程带给他的丰厚回报相比，这些都不值一提。在1927年的著作《植物狩猎》(*Plant Hunting*)中，威尔逊说："比起世界上其他地方，园艺师们最应当感谢的是中国，那里才是花卉的王国。"

Wood rose

木玫瑰

木玫瑰是被一种热带槲寄生附着的树木上出现的畸形组织。为了抵抗寄生植物的渗透，寄主植物会产生额外的软质形成层，为寄生植物的附着物（吸器）制造阻力，同时产生更多的木质素、单宁和树胶，以图将吸器与自身的活细胞分离。寄主植物种类不同，这种防御策略起到的效果也各有不同。随着寄生植物迅速增殖，侵入寄主植物的组织，寄主植物为了封堵寄生植物的渗透，会向各个方向生长，这就会导致寄主植物在位于寄生植物周围的树干处形成一种类似浇筑印模的物质。在寄生植物死亡后，印模还留在寄主植物的树干上，结构复杂，仿佛经过精雕细琢。有些印模的形状和花朵相似，于是便有了“木玫瑰”这种说法。和本书前面提到的“霜花”一样，木玫瑰并不是花。

在世界各地有木玫瑰出现的地方（比如墨西哥、印度尼西亚），当地手工艺人会收集具有装饰性的木玫瑰及其周围完整的木材制作成各种装饰物，比如将动物形象和木玫瑰融入设计之中，做出稀奇的小玩意卖给游客。很多种树木会受到槲寄生的攻击，由于木质的区别和木玫瑰形状的变化，用这些树木制成的工艺品造型也千变万化。

World's largest flower (*Rafflesia arnoldii*), Rafflesiaceae

世界上最大的花（大花草），大花草科

大花草又名大王花，是一种寄生植物，其花宽度可达 1 米。大花草属（*Rafflesia*，又称大王花属）植物原产于东南亚地区，其中产自婆罗洲（今加里曼丹岛）的种类最多。词条中提到的大花草是世界上最大的花。大花草属植物花朵如此庞大，至今竟仍有新物种持续被发现，这着实令人惊讶。之所以有许多之前没注意到的物种直到近期才被发现，是因为它们奇怪的生存特性。大花草在成长期是内寄生，完全生活在寄主植物的茎或根内，直到开花且只有在开花的时候，才能看到它存在的迹象。大花草属植物的主要寄主是葡萄科植物，特别是崖爬藤属（*Tetrastigma*）和白粉藤属（*Cissus*）植物。

1818 年，西方植物学家首次在苏门答腊发现这种植

W

1米宽的大花草（俗名为尸花）

物，并于两年后正式对它进行了描述。（有意思的是，拥有世界上最大不分枝花序的植物巨魔芋也原产于苏门答腊。）然而，大花草的生活史至今大部分尚不为人所知。至于种子是如何散播，植株又是如何渗透进寄主植物的，至今仍只有一些猜想。

从花蕾自寄主植物的茎上萌生到最终开花，大花草花朵的形成经历了漫长的过程。花苞经过一年半以上的发育，从寄主植物的皮中破芽而出。然后，它在地面或地上茎内继续生长9个月，长到一棵大卷心菜的大小。这时候，经过两年多的准备，它才终于绽放！相比之下，大象的妊娠期也只有18个月（哺乳动物中最长的）。大花草的巨型花朵上，花被合生为管状，逐渐向上外翻形成5~6个花瓣状的部分。中心是花瓣延伸形成的一个开放穹顶结构（称为隔膜），在一定程度上遮挡了其下方扁平的圆盘，那里是生殖器官的所在。花朵持续开放5天左右便会枯萎。

大花草属植物（仅有1种例外）是雌雄异株，因此异花授粉对它们而言是不可或缺的。雌花和雄花都呈红色，散发出腐臭味，这两个特征对丽蝇都极具吸引力。当丽蝇在花朵上爬行时，身体会沾上大量具有黏性的花粉，它们造访其他花朵时，就会将这些花粉蹭在柱头上。由此产生的大型肉质果实中包含许多长度不足1毫米的微型种子。

Xerophytes

旱生植物

旱生植物是能够忍受干旱条件或生理干旱的植物。许多植物通过进化贮水办法，适应了水源有限地区的生活。说到旱生植物，人们立即会想到生长在沙漠里的仙人掌和其他多肉植物。它们在降水时吸水，将水储存在肉质的茎或叶中，环境干燥时再“饮用”储存的水（同时植株会收缩）。除此之外，也有其他植物进化出了在干旱时保水的不同方式。一些沙漠植物，比如蜡烛木（即福桂树，学名 *Fouquieria splendens*），一年的大部分时间内看上去都只有一簇簇直挺挺、光秃秃的茎，只有降水后才会长出叶子。雨水还会促使它的枝干尖端生长出簇串状的鲜红色花朵，静待蜂鸟传粉。只要水分还够用，它的叶片就会进行光合作用。水分干涸后，叶片枯萎，只剩下叶梗，叶梗变硬形成尖刺，保护植物不被植食动物吃掉。在无叶阶段，旱生植物仍然能进行较低程度的光合作用，因为绿色的茎枝中含有叶绿素。枝干呈绿色的扁轴木（也称绿皮树，学名 *Parkinsonia florida*）就是如此，这种沙漠植物在一年中的大部分时间里都没有叶子。

旱生植物在干旱地区生存的其他方式：①进化出四通八达的根系，在短暂降水过后迅速吸收水分；②发展出主根，吸取地下较深处的水；③将水储存在地下球茎或块茎中；④利用气孔，仅在夜晚打开进行气体交换，将吸入的二氧化碳储存起来，供白天进行光合作用时使用（这一过程称为景天酸代谢）；⑤叶或茎覆有蜡质或树脂以防止水分蒸发，或覆有颜色发白的保护层或茸毛以反射阳光；⑥终极策略为在有水之前保持休眠状态。

需要适应干旱条件的不只是沙漠植物，长在其他树木上的附生植物，或岩石上的岩生植物都只能依靠降水时冲刷到它们的有限雨水来维持生存（甚至雨林中的附生植物也是如此）。其中有些植物（包括仙人掌科附生植物，比如昙花属和丝苇属）有肉质茎；还有些植物采取了生长和休眠交替的生存方式，这样的植物有时也被称为复苏植物。

Xyris spp., Xyridaceae

黄眼草属，黄眼草科

黄眼草属是一个较大的属，据估计有多达 300 个种，其中至少一半发现于巴西，且多为特有种。其他种分布在热带地区和北美东部。黄眼草科则是一个较小的科，除黄眼草属之外，仅有其他 4 个属，且都局限分布于南美洲。其中 3 个属仅有 1 种或 2 种植物。几乎所有种都呈莲座状，生长在湿地中，有些种被用作水族馆植物。

黄眼草之所以得名，是因为它狭长的叶子，以及造型惹人注目、开花期转瞬即逝的黄色花朵。头状花序有 3 枚大小不等的萼片（1 枚薄且会脱落，另 2 枚有龙骨状凸起，形成船型结构），还有 3 片爪状花瓣（意思是花瓣向其基部收缩）。大部分花仅开放几个小时就枯萎了，因此通常难得一见。在它们短暂的开花期，花朵吸引的传粉者大部分是小蜜蜂和采集花粉的食蚜蝇。黄眼草花通常有 3 枚雄蕊，有时也有 3 枚覆毛的退化雄蕊。退化雄蕊上的茸毛可以积聚花粉，这可能是向昆虫展示花粉的次要手段。

在巴西，为满足观赏和药用需求（主要用于治疗湿疹和皮炎），黄眼草被过度采集，一些物种甚至面临灭绝的危险。对一些黄眼草物种的化学成分分析显示，它们含有类黄酮，而类黄酮提取物已被证实具有抑制某些真菌病原体生长的作用。这些结论或许能证明民间使用黄眼草来治疗皮肤病是有疗效的。

X

Yesterday, today, and tomorrow (*Brunfelsia pauciflora*), Solanaceae

昨天、今天和明天（少花鸳鸯茉莉），茄科

“昨天、今天和明天”是一种茄科常绿灌木的俗名，该植物原为巴西南部特有，现在已作为观赏植物广泛种植于世界各地的热带地区。这个俗名源自少花鸳鸯茉莉管状花朵的变化，其五瓣花的颜色随着生长时间的推移而变化，初开时呈紫色，逐渐变成淡紫色，最后通体白色，从植株上脱落。虽然这个过程可能不会像俗名“昨天、今天和明天”那样在 3 天之内发生，但少花鸳鸯茉莉的花期确实很短，每朵花在植株上只能保持几天。因为同一植株上同时存在 3 种颜色的花，所以人们培育出了适合装点园林的很多品种（比如花朵极多的“Floribunda”就是非常理想的改良品种，而少花鸳鸯茉莉的学名意思即为“开花很少的鸳鸯茉莉”）。与茄科很多植物一样，少花鸳鸯茉莉对动物都是有毒性的。

鸳鸯茉莉属中还有很多有趣的种，比如来自西印度群岛、芬芳馥郁的夜间开花植物夜香花（即美洲鸳鸯茉莉，学名 *Brunfelsia americana*；少花鸳鸯茉莉的花无香），

少花鸳鸯茉莉深浅不一的花朵：昨天、今天和明天

以及具有致幻效果的亚马孙物种大花鸳鸯茉莉（学名 *B. grandiflora*）。大花鸳鸯茉莉对治疗亚马孙地区流行的热带疾病利什曼病（leishmaniasis）[1] 已显出一定的疗效。

1　利什曼病是由利什曼原虫引起的人畜共患疾病，临床特征主要表现为长期不规则的发热、脾脏肿大、贫血、消瘦、白细胞计数减少和丙种球蛋白的增加等。如得不到合适的治疗，患者多会在得病后一两年因并发症而死亡。

Ylang-ylang (*Cananga odorata*), Annonaceae

依兰依兰（依兰），番荔枝科

依兰是一种被归为番荔枝科的植物，花长而下垂，成熟后颜色由绿转黄。依兰是依兰油的原料。依兰的甜香味主要来自芳樟醇，薰衣草、肉桂和大麻等许多植物中都含有这种化合物。市场上销售的肥皂、乳液和洗发水中，超过一半都使用了芳樟醇。

19 世纪至 20 世纪初，依兰是一种男用发油“马卡发油”的主要成分。使用这种发油做发型的男性很容易在椅背上留下油腻的残留物，于是椅背罩（antimacassar，年纪比我小的读者或许没见过椅背罩，这是一种小块的白色织物，通常是钩编的，搭在椅背上防止油污）应运而生。日本最近对依兰花蕾提取物进行的研究表明，它具有抑制黑色素生成的潜力，但过量使用可能会导致黑色素瘤等皮肤问题。研究者还从依兰的花朵蒸馏液中分离出了其他抗细菌、抗真菌和具有杀虫效果的化合物。

依兰是一种分布于印度、马来西亚、菲律宾、印度尼西亚和澳大利亚的乔木，因为它的花朵芳香，其他热带国家也多有种植。依兰油（也叫卡南加油）是依兰的种植地科摩罗群岛和马达加斯加的重要出口产品。依兰的俗名“依兰依兰”来自他加禄语对这种树木的叫法“ilang-ilang”，原指的是它荒无人烟的野外生长地。

Yucca (*Yucca* spp.), Agavaceae
丝兰（丝兰属），龙舌兰科[1]

丝兰属是分布在北美洲和中美洲的一个属，有40~50个种，大多数原产于美国西南部的半沙漠地区。根据物种不同，丝兰的大小也有区别，不过最著名的物种当属体型最大的小叶丝兰（学名 *Y. brevifolia*）。一些丝兰物种作为纤维（龙舌兰麻）的原材料还具有重要的经济价值。

丝兰的花序呈狭长的圆锥状，花大，乳白色，花朵钟形，夜间散发香味。它们授粉的故事是自然界互利共生的又一个经典例子——一种生物必须依靠另一种生物才能生存（比如本书前面讨论过的无花果和它们的传粉者榕小蜂）。

1　也有一些分类系统将龙舌兰科并入天门冬科（Asparagaceae），降级为龙舌兰亚科。

丝兰蛾（学名 *Tegeticula yuccasella*）是夜间活动的昆虫，在幼虫阶段对食物极其挑剔。举例来说，在丝兰与丝兰蛾这种奇特的关系中，雌性的丝兰蛾会落在小叶丝兰的花朵上，爬上 6 枚雄蕊中的 1 枚，然后用其特殊的喙收集有黏性的花粉，并将花粉团成一个致密的小球粘在头部下方。在它飞去另一株小叶丝兰之前，可能会将这个过程至少重复 2 次，以便采集其他雄蕊上的花粉。如果下一株小叶丝兰的花朵还处于（早期的）雌性阶段，雌蛾便会检查子房，辨认其是否足够成熟或是否已经有其他雌蛾产下的卵（更早到访的雌蛾会留下显示其存在痕迹的信息素，传递的信息是子房中很可能已经含有蛾卵）。如果子房看上去情况良好，那么雌蛾就会爬上雌蕊的花柱，然后退回来将产卵器插入子房并产下一枚卵。之后，它会重新爬回花柱，从头部下方的花粉球上揉搓一部分下来，蹭到柱头上，然后将这个程序重复 2 次。只有接受了花粉、成功受精的子房才能发育成果实（不然就会中止发育），并且至少有一个靠近丝兰蛾卵的胚珠会发育成虫瘿，为发育中的幼虫提供食物（幼虫不吃其他正在发育的种子）。幼虫一旦成熟，就会从果实中钻出来，在附近的土壤中化蛹。一部分蛹可能会经历滞育期，在不同的时间孵化出来。因为

Y

丝兰在不同的年份中开花的时间并不确定，这样一来，在不同时间段内孵化出的丝兰蛾成虫总能找到丝兰。其他物种的丝兰和丝兰蛾的生活史与此相似，不过人们仍在不断发现新的惊喜。

Zingiber, Zingiberaceae

姜属，姜科

姜属是原产于东南亚的一个属，其中的 1 个种便是常见的生姜（学名 *Zingiber officinale*）。无论是制作甜味食品还是咸味食品，我们都会使用姜作为调味料。除了用在姜饼屋、姜茶和亚洲风味的炒菜中，姜在民间还被当作一味药材来使用（其种加词“officinale”指的就是具有药用价值的植物）。几个世纪以来，生姜一直被用来治疗胃部不适、晕动病、恶心、呕吐，以及其他不舒服的症状。它的疗效主要归功于根状茎中所含的姜辣素。和其他药物一样，剂量是至关重要的，过量食用生姜也会有副作用，比如胃灼热、腹泻，或因为生姜的抗凝血功能而增加出血风险。

姜是一种热带草本植物，植株高 2~4 英尺，在湿热和半阴的环境下长势最好。其花朵只开放一天。不寻常的是，虽然有 3 片花瓣，却只有 1 枚雄蕊，以及 5 枚外观与花瓣相似的退化雄蕊，细长的花柱隐藏在花药的两个花粉囊之间。紫红色的中央花瓣比另两片黄色的花瓣更大，3 片花瓣形成了强烈的对比。而这片较大的、唇瓣般的花瓣让整朵花看上去与兰花颇有几分相似。

虽然人们都说用“姜根”，但我们用来调味的姜，无论是新鲜、冷冻的，还是腌制、蜜渍、脱水或磨成粉的，实际上都是姜的根状茎（有刺激性香味的根状茎）。

美国东北部春季开花的野花“野姜”（即北美细辛，学名 *Asarum canadense*）与真正的姜属植物并没有亲缘关系。北美细辛之所以有这个俗名，是因为它的根状茎也有芳香味。早期殖民者在没有真正的生姜时会将它当作食物的调味料。北美细辛含有马兜铃酸，这是一种明确的致癌物，因此我们不应当食用它。

Zygomorphic

两侧对称

两侧对称用来描述可以沿着一个中心轴等分成两部分的花。植物的花通常分为两大类：一类具有辐射对称的花冠，意思是它们可以被通过花中心的两条或多条线等分成两半（比如郁金香）；另一类具有两侧对称的（或不对称的）花冠，能且只能沿着一条中心轴线等分成两半（例如学名为 *Antirrhinum majus* 的金鱼草）。

通常而言，辐射对称花能产生可供不同种类昆虫轻松获取的花蜜或花粉。两侧对称花则更难接近，它们的花蜜通常都隐藏在花的深凹处，只有特定大小、形态或舌头长度的传粉者才能按照花朵的引导找到甜蜜的花部报酬。有时，花与昆虫的适配性被大自然设计得如此天衣无缝，以至于仅有一个传粉物种（或一群近缘种）能够发挥传粉的作用。

很多时候，花朵的对称性是某一特定植物科的固有特征（比如，蔷薇科的所有植物都具有辐射对称花，兰科的所有植物都长有两侧对称花），但是在其他植物科中，花的对称性却大不相同，吸引的传粉者类型也各不相同。一个典型的例子是巴西的玉蕊科（Lecythidaceae）植物。玉蕊科的一些属具有更加原始的辐射对称花，比如莲玉蕊属（*Gustavia*）；其他一些属，比如猴钵树属（*Lecythis*）则长有更进化的两侧对称花。莲玉蕊属植物的花部报酬通常是花粉，中等大小的蜜蜂很容易就能爬过数百枚雄蕊采集花粉。猴钵树属植物的花则会长出一个内含雄蕊的兜状物，只有大而强壮的蜜蜂才能进去，从卷曲的兜状物底部吸食花蜜。这个兜状物的作用正是防止更小的昆虫进入。当蜜蜂向花朵中心移动时，它会挤压到沾满花粉的雄蕊，进而接触柱头，为花授粉。

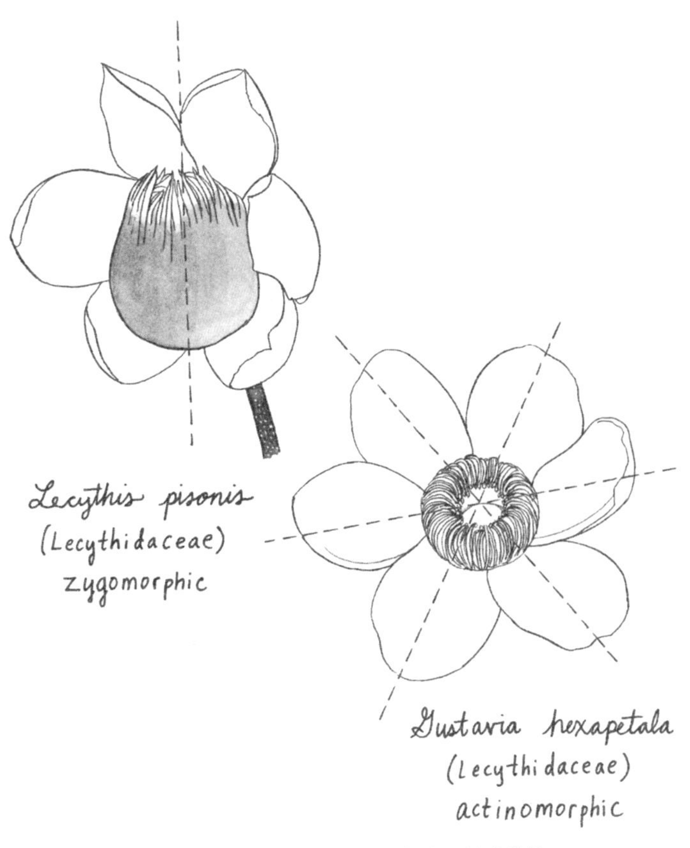

猴钵树（学名 *Lecythis pisonis*）的两侧对称花

莲玉蕊（学名 *Gustavia hexapetala*）的辐射对称花

附 录

Appendix

词条索引 · 按汉语拼音字母排序

A

B

M

N

O

P

T

W

X

Y

Z

参考文献
Selected References

普通植物学和分类学

Ambrose, Jamie, Ross Baylon, Matt Candeias, et al. 2018. *Flora: Inside the Secret World of Plants*. DK Publishing (in association with the Smithsonian and the Royal Botanic Gardens, Kew), New York.

Fernald, Merritt Lyndon. 1950. *Gray's Manual of Botany*. 8th ed. American Book Company, New York.

Flora of North America Editorial Committee, eds. 1993+. *Flora of North America North of Mexico*, 16+ vols. Accessed 2020. http://www.fna.org/families.

Gleason, Henry A., and Arthur Cronquist. 2004. *Manual of the Vascular Plants of the Northeastern United States and Adjacent Canada*. 2nd ed. New York Botanical Garden Press, Bronx.

Go Botany. 2020. Native Plant Trust, Framingham, Massachusetts. Accessed 2020. https://gobotany. nativeplanttrust.org.

Heywood, V. H., R. K. Brummit, A. Culham, and O. Seberg. 2007. *Flowering Plant Families of the World*. Firefly Books, Ontario, Canada.

Mabberley, David J. 2008. *Mabberley's Plant-Book*. 3rd ed. Cambridge University Press, Cambridge, United Kingdom.

Pell, Susan K., and Bobbi Angell. 2016. *A Botanist's Vocabulary*. Timber Press, Portland, Oregon.

Smith, Nathan, Scott A. Mori, Andrew Henderson, Dennis Wm. Stevenson, and Scott V. Heald, eds. 2004. *Flowering Plants of the Neotropics*. Princeton University Press (in association with the New York Botanical Garden), Princeton, New Jersey.

Tropicos.org. 2020. Missouri Botanical Garden. Accessed 2020. http://www.tropicos.org.

植物艺术

Morrison, Tony, ed. 1988. *Margaret Mee: In Search of Flowers of the Amazon Forests*. Nonesuch Expeditions, Woodbridge, United Kingdom.

Rice, Tony. 1999. *Voyages of Discovery: Three Centuries of Natural History Exploration*. Clarkson Potter, New York.

Stiff, Ruth. 1996. *Margaret Mee: Return to the Amazon*. Royal Botanic Gardens, Kew, London.

植物学考察

Fry, Carolyn. 2013. *The Plant Hunters: The Adventures of the World's Greatest Botanical Explorers*. University of Chicago Press, Chicago.

Musgrave, Toby, Chris Gardner, and Will Musgrave. 1998. *The Plant Hunters: Two Hundred Years of Adventure and Discovery around the World*. Ward lock Ltd., London.

管状花与假舌状花

Roque, Nádia, David J. Keil, and Alfonso Susanna. 2009. "Illustrated Glossary of Compositae." In *Systematics, Evolution, and Biogeography of Compositae*, edited by Vicki A. Funk, Alfonso Susanna, Tod Stuessy, and Randall J. Bayer: 781–806. International Association for Plant Taxonomy Conference, Vienna.

染料植物

Dye Plants and Dyeing: A Handbook. 1964. *Special issue, Plants and Gardens* 20 (3): 1–100. Brooklyn Botanic Garden, Brooklyn, New York.

民族植物学

Bennett, Bradley. 2007. "Doctrine of Signatures: An Explanation of Medicinal Plant Discovery or Dissemination of Knowledge？" *Economic Botany* 61 (3): 246–55.

半附生植物

Mori, Scott. 2020. "Secondary Hemiepiphyte." Glossary for Vascular Plants. New York Botanical Garden. Accessed 2020. http://sweetgum.nybg.org/science/glossary/glossary-details/?irn=1711.

Zotz, Gerhard. 2013. "'Hemiepiphyte'：A Confusing Term and Its History." *Annals of Botany* 111:1015–20.

香　水

Newman, Cathy. 1998. *Perfume: The Art and Science of Scent*. National Geographic Society, Washington, DC.

凤　梨

Davidson, Alan, and Charlotte Knox. 1991. *Fruit: A Connoisseur's Guide and Cookbook*. Simon & Schuster, New York.

有毒植物

Dauncey, Elizabeth A., and Sonny Larsson. 2018. *Plants That Kill: A Natural History of the World's Most Poisonous Plants*. Princeton University Press, Princeton, New Jersey.

传　粉

Dafni, A. 1992. *Pollination Ecology: A Practical Approach*. Oxford University Press, New York.

Fægri, K., and L. van der Pijl. 1979. *The Principles of Pollination Ecology*. 3rd rev. ed. Pergamon Press, Oxford, United Kingdom.

Willmer, Pat. 2011. *Pollination and Floral Ecology*. Princeton University Press, Princeton, New Jersey.

巨人柱

Drezner, Taly Dawn. 2014. "The Keystone Saguaro (*Carnegiea gigantea*, Cactaceae): A Review of Its Ecology, Associations, Reproduction,

Limits, and Demographics." *Plant Ecology* 215:581–95.

Fleming, Theodore H. 2000. "Pollination of Cacti in the Sonoran Desert: When Closely Related Species Vie for Scarce Resources, Necessity Is the Mother of Some Pretty Unusual Evolutionary Inventions." *American Scientist* 88 (5): 432–39.

蜘蛛草

Ibrahim, Rusli, Rosinah Hussin, Nur Suraljah Mohd, and Norhafiz Talib. 2012. "Plants as Warning Signal for Exposure to Low Dose Radiation." *Oral presentation at Research and Development Seminar, Bangi, Malaysia,* September: 26–28.

Schairer, L. A., J. Van't Hof, C. G. Hayes, R. M. Burton, and F. J. de Serres. 1978. "Exploratory Monitoring of Air Pollutants for Mutagenicity Activity with the *Tradescantia* Stamen Hair System." *Environmental Health Perspectives* 27:51–60.

郁金香和郁金香热

Christenhusz, Maarten, Rafaël Govaerts, John C. David, et al. 2013. "Tiptoe through the Tulips—Cultural History, Molecular Phylogenetics and Classification of *Tulipa* (Liliaceae)." *Botanical Journal of the Linnean Society* 172:280–328.

地下兰

Bernhardt, Peter. 1989. *Wily Violets and Underground Orchids: Revelations of a Botanist*. William Morrow, New York.

Maas, Hiltje, and Paul J. M. Maas. 1987. "A New *Thismia* (Burmanni-

aceae) from French Guiana." *Brittonia* 39 (3): 376–78.
Thorogood, C. J., J. J. Bougoure, and S. J. Hiscock. 2019. "*Rhizanthella*: Orchids Unseen." *Plants, People, Planet* 1:153–56.

致　谢

Acknowledgments

非常感谢普林斯顿大学出版社的罗伯特·柯克邀我写作本书。不仅因为这是一个有趣的项目，更是因为在我动笔后不久，世界就因为新型冠状病毒的大流行而停摆，而参与这个项目让我得以在隔离时期和保持社交距离的非常状态下，保持头脑的清醒。我还要感谢普林斯顿大学出版社其他工作人员与我的积极沟通和互动，他们是阿比盖尔·约翰逊，她与罗伯特·柯克一起负责整个项目；大卫·坎贝尔，他为本书撰写了图书营销文案；出版编辑马克·贝利斯，他见证了本书从无到有的整个过程；以及劳瑞尔·安德顿，她娴熟的文字编辑能力和富有洞察力的评论为书稿助益颇多。

在网络上结识埃米·琼·波特并和她一起工作是一段

非常愉快的经历，她为本书的多个词条绘制了插图。或许有一天，我们可以见面，一起去寻找野花。埃米为本书所绘的插图，几乎全部以我拍摄的照片为基础，但我还是要感谢我的丈夫斯科特·莫里为埃米提供了“(来自可可树的)巧克力，锦葵科”词条的参考图片。我还要感谢普林斯顿大学出版社许可埃米根据帕特·威尔默的《传粉和花的生态学》(*Pollination and Floral Ecology*)一书的图片重新绘制无花果和榕小蜂的插图。

与往常一样，我要感谢丈夫理解我在这个项目上投入了大量时间，也感谢他一直期待着我完成它。感谢我的家人和朋友，一直通过各种电子方式和我保持着联系。尽管无法在线下相聚，但与他们谈话总是能令我感到振奋。